高｜等｜学｜校｜计｜算｜机｜专｜业｜系｜列｜教｜材

计算机网络实验教程

许辰人　黄群　边凯归　编著

清华大学出版社

北京

内 容 简 介

本书是北京大学本科"计算机网络"课程的实验教材,以动手实践为第一导向,培养学生"理论引导实践,实践反哺理论"的专业认知,为后续计算机专业课程的学习和综合专业素质的培养打下坚实基础。本书内容包括经典计算机网络链路层、网络层、传输层、应用层的理论与实践等专业基础知识,以及可编程网络、高性能网络报文处理、用户态网络协议栈、网络测量、移动应用位置服务、移动感知与导航、移动短视频应用等前沿技术。第1~10章配套富有挑战性的实验代码,使学生能够掌握相关知识,分析问题,动手实践,以适应未来的专业学习;同时激发学生的专业兴趣,引导学生逐步形成发现问题、分析问题和解决问题的思维方式,造就自己,成为合格的计算机专业人才。

本书适合作为高等学校计算机相关专业的"计算机网络"课程的实验教材,也可作为其他专业的学生学习计算机网络基础知识的参考用书。

图书在版编目(CIP)数据

计算机网络实验教程/许辰人,黄群,边凯归编著.
北京:清华大学出版社,2024.8. --(高等学校计算
机专业系列教材). --ISBN 978-7-302-66881-7

Ⅰ. TP393-33

中国国家版本馆CIP数据核字第2024WJ2925号

责任编辑:龙启铭　王玉梅
封面设计:何凤霞
责任校对:刘惠林
责任印制:刘　菲

出版发行:清华大学出版社
　　　　网　　　址:https://www.tup.com.cn,https://www.wqxuetang.com
　　　　地　　　址:北京清华大学学研大厦A座　　　邮　　　编:100084
　　　　社 总 机:010-83470000　　　　　　　邮　　　购:010-62786544
　　　　投稿与读者服务:010-62776969,c-service@tup.tsinghua.edu.cn
　　　　质 量 反 馈:010-62772015,zhiliang@tup.tsinghua.edu.cn
　　　　课 件 下 载:https://www.tup.com.cn,010-83470236
印 装 者:涿州汇美亿浓印刷有限公司
经　　　销:全国新华书店
开　　　本:185mm×260mm　　　印　　　张:7.75　　　字　　　数:187千字
版　　　次:2024年8月第1版　　　　　　　印　　　次:2024年8月第1次印刷
定　　　价:29.00元

产品编号:099783-01

前言

　　计算机网络是赋能和保障我们与信息世界互联互通的基石，也是未来人工智能系统的重要信息基础设施。今天，我们正在目睹计算机网络借由其过去 30 年在消费互联网方面的成功经验，积极拥抱工业（产业）互联网并渗透到各个产业与之共融协同智能创新。从计算机网络的发展历史宏观来看，一方面，我们的先驱在计算机网络设计之初出于对兼容性和可扩展性优先的考虑提出的分层和协议等核心设计原则，理念经典，历久弥新，其伴生并已经深入到互联网中数以亿万计的泛在网络设备中的系统软件也同样历久弥坚。另一方面，许多新型应用也不断促进着计算机网络技术的持续发展。近年来，软件定义网络、可编程交换机、用户态网络 I/O 等技术，使得计算机网络变得越来越开放、智能，为未来高性能网络的敏捷开发部署提供了基础。

　　本书是《计算机网络》（第 6 版）（安德鲁·S. 特南鲍姆等著，清华大学出版社）的配套实验教材，立足于计算机网络核心概念和体系架构，面向目前计算机网络系统编程实验教材相对匮乏的现状，旨在以经典计算机网络 TCP/IP 协议栈和前沿网络编程技术为载体，培养读者的计算机网络系统软件设计和实现能力。本书分为两部分：第一部分（第 1～4 章）手把手教读者从链路层到应用层自底向上地搭建一个功能完备的 TCP/IP 协议栈，并在此基础上实现节点间的安全文件传输；第二部分（第 5～12 章）介绍各种新型网络技术的开发实践，涵盖了从主机到网络核心的多种网络设备，从基础转发到网络测量等各类功能，以及从无线定位技术到移动感知与导航，再到近几年流行的移动短视频内容生成与传播等内容。

　　本书内容基于作者所在课程团队于北京大学开设的计算机网络实验环节，经过多年教学实践反复迭代凝结而成。作者在写作过程中得到了多位师生的宝贵意见和建议，非常感谢严伟老师对本书写作的关心与指导，以及周裕涵、倪蕴哲、王诚科和区子锐、朱峰、孙锦博、柳浩、郭俊毅、丁睿、孙海锋、贺锦涛、桂杰、苏灿、薛昕磊、张远行、王诏分别在本书第一部分和第二部分写作素材方面的重要贡献。

　　由于写作过程仓促，疏漏错误之处在所难免，敬请指正。

作者

2024 年 5 月于北京

目 录

第二部分　高级计算机网络与现代网络技术

第 0 章

预 备 知 识

0.1　系统环境与代码库

本书中的所有实验皆假设所使用的实验环境为 Ubuntu 操作系统。本书另外附带了大量用于配置实验环境的工具、进行实验内容评测所需的代码与数据文件等，我们将这些文件托管于 Github 上的组织 pkuNetLab[①] 中。在本书的余下部分中，将用形如"repo::path"的文本指向 pkuNetLab 中的代码仓库 repo 中路径为 path 的文件。

0.2　说明文档查询工具 man

Linux 命令行工具 man 是 Linux 系统中通用的说明文档查询工具，其程序名称 man 是单词 Manual 的前三个字母。在本书涉及 Linux 系统命令行工具使用及编程的章节中，将假设读者已经熟练掌握了 man 的使用方式并能够使用该工具查询所需要使用的各个命令行工具及库函数的说明文档。在本节中，将介绍该工具的基本用法。

```
$ man printf
PRINTF(1)                        User Commands                        PRINTF(1)

NAME
       printf - format and print data

SYNOPSIS
       printf FORMAT [ARGUMENT]...
       printf OPTION

DESCRIPTION
       Print ARGUMENT(s) according to FORMAT, or execute according to OPTION:

       --help display this help and exit

       --version
              output version information and exit

       FORMAT controls the output as in C printf.  Interpreted sequences are:
```

[①] https://github.com/pkuNetLab.

```
        \"      double quote

        \\      backslash

        \a      alert (BEL)
Manual page printf(1) line 1 (press h for help or q to quit)
```

如上所示的命令将在当前终端中显示 `printf` 的帮助文档。一般情况下，如果通过 Linux 对应发行版的软件包管理工具安装了软件（假设其名称为 `item`），那么形如 `man item` 的命令会显示该软件的使用说明。对于一些函数库，也能使用 `man` 查询其包含的库函数的使用说明，如 GNU C 标准库 `glibc` 中包含的函数，我们在链路层相关实验中使用的 libpcap 包含的函数等。

细心的读者可能注意到，如上所示的命令 `man printf` 展示的文档并不是 C 标准库函数 `printf` 的说明，而是同名命令的说明。这是因为为了管理冲突的名称，`man` 提供了“章节”的概念，同时提供章节名称与条目名称才能唯一确定一篇文档。当条目名称唯一时，`man` 会自动找到这篇文档，而当名称不唯一时，它将会按照用户指定（或默认）的顺序在各章节进行搜索并展示它找到的第一篇文档。`man` 程序给出的规范中同时也包含了最常用的几个章节的定义：章节 1 包含了可执行程序与命令的说明文档；章节 2 包含了系统调用的说明文档；章节 3 包含了库函数的说明文档。若希望查找库函数 `printf` 的说明文档，则应当执行 `man 3 printf`。值得注意的是，章节名称并非必须是数字。一些文档编写者可能会将自己的文档放在一个名称特别的章节中以进一步防止名称冲突。`man` 命令的 `-f` 选项可以用于寻找页面所在的章节。如下所示，形如 `man -f item` 的命令将会列举所有名称为 `item` 的条目。

```
$ man -f printf
printf(1)              - format and print data
printf(3)              - formatted output conversion
```

> **提示 0.1** 在本书的余下部分中，将用形如“man::item(x)”的文字表示“man 命令可查阅的 x 章节中的 item 页面包含了更加详细的信息”。

在阅读 `man` 命令输出的帮助文档时，可以用方向键与 PgUp/PgDown 键翻阅文档。文档阅读界面同时也支持 vi 形式的指令以进行更加高级的文档内导航，如在页面中输入:1000 则会跳转到第 1000 行，而在页面中输入/prin[a-z] 则会从当前页首开始搜索正则表达式 prin[a-z] 的下一个匹配。在进行搜索后，输入 n 可以前往下一个匹配，而输入 N 可以前往上一个匹配。

关于命令 `man` 的更多知识，如更多章节名称的定义、命令行选项的功能及说明文档的撰写方法等，详见 man::man(1)，此处不再介绍。同时也建议读者在实验过程中遇到不了解某个 Linux 命令或者库函数的使用方式的情况时，首先考虑使用 `man` 工具查阅帮助文档（尽管这些文档可能更难阅读），因为这些帮助文档一般由命令或库函数的作者撰写，相比于网络上常见的帮助信息而言，具有更高的准确性。

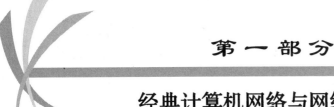

第 一 部 分

经典计算机网络与网络协议栈

在本书的第一部分中，我们将展开一段艰辛而令人兴奋的旅程：从链路层开始逐步向上地设计并实现一个自定义的 TCP/IP 协议栈（称为 HomeStack），并在这一协议栈上实现安全文件传输协议（SFTP）以支持节点间的文件传输。在这一系列实验中，将从开发者的角度系统性地认识网络协议栈的设计原理与实现方式，并通过自己的实现经验了解身边的网络主机中运行的 TCP/IP 协议栈的运行机理。本部分前三章的配套代码位于代码仓库 pkuNetLab/lab-netstack 中，第 4 章的配套代码位于代码仓库 pkuNetLab/lab-sftp 中，相信读者在完成本部分工作后对计算机网络系统的理解会大大加深。在踏上旅程之前，让我们首先看看旅行计划。

Linux 系统不仅为使用者在本地主机上的操作提供了诸多便利，同时也支持远程连接到其他 Linux 主机进行操作。Linux 系统下的远程操作主要通过安全终端（SSH）协议进行，ssh 程序可以在远程机器上启动一个终端程序供用户进行远程操控并保证通信的安全性（比如网络中其他用户不能看到通信双方发送的内容），而 sftp [man::sftp(1)] 程序则将 SSH 协议作为媒介保证本身未加密的文件传输协议（FTP）的安全性，实现了本机与远程主机间的文件传输。实现 SFTP 协议正是本系列实验的最终目标。

从计算机用户的角度看来，安全地传输文件这一操作是简单的：在终端中输入一行命令调用 sftp 程序即可完成，但若从网络协议栈各层来看，这一操作则包含了极大的复杂性。图 1 展示了一次安全文件传输中协议栈各层会进行的操作。

链路层的工作是相对简单的。对于链路层来说，它所需要做的全部仅仅是将协议栈上层交给它的数据包发向局域网中下一个（具有指定地址的）节点，以及从网络中接收数据包并提交给上层。在现代计算机系统中，从电路中识别数字信号与数据包等工作都由网络设备自动完成，所以只需要建立与网卡的联系，并调用网卡的功能收发数据包即可完成这一部分的工作。下面将在第 1 章中实现这些内容。

有了链路层的收发数据包机制，便可以实现网络层的 IP 协议。IP 协议的任务是将数据包发往指定的 IP 地址（即文件服务器地址），但 IP 协议并不直接与文件服务器通信，只是将数据包发往"前往指定地址路程中的下一站"。这一过程正是一般所称的"路由"。IP 网络中其他节点收到数据包之后，也会通过路由将数据包不断地发往离指定地址更近的"下一站"，直到数据包到达目的地。为了实现这一功能，IP 模块需要与网络中其他的 IP 节点交换信息以实现路由，还需要通过地址解析协议（ARP）建立 IP 地

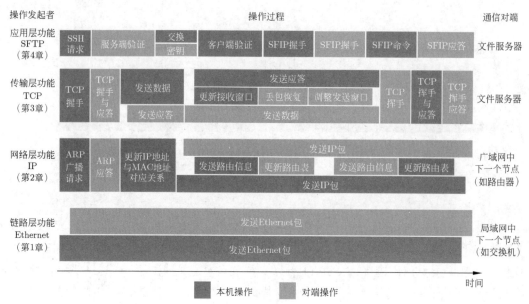

图 1　协议栈各层在一次安全文件传输中进行的操作

址与链路层地址之间的映射，从而利用链路层功能进行数据包的收发。下面将在第 2 章中实现这些内容。

　　有了网络层将数据包发送到指定的地址，便可以实现传输层的 TCP 协议。TCP 协议的任务是连接到指定的 IP 上指定的 TCP 端口，并可靠地传输数据。在这一过程中，TCP 模块首先需要与通信的对端进行"握手"，即连接的建立。此后，本地的 TCP 模块需要将文件传输的指令发送到对端，之后等待对端将文件数据传回，并提交给用户。传输数据这一任务也并不简单：在传输数据的过程中，TCP 模块需要在可能有数据在发送过程中丢失的情况下通过重传数据包保证数据的可靠性，也需要控制自身收发数据的速率，防止网络过载或本地内存不足。在完成数据传输后，TCP 模块还需要与通信的对端进行"挥手"，即连接的关闭。下面将在第 3 章中实现这些内容。

　　终于，借助传输层提供的接口，可以实现应用层的 SFTP 协议并真正使用网络协议栈。SFTP 协议的任务是利用 TCP 协议已经建立的数据传输通道安全地传输文件，这里的"安全"指的是客户端和服务器都能够自证身份，且传输的数据不会被监听和篡改。为达到这一目的，首先需要通过 SSH 协议在客户端和服务器之间建立一个安全的数据传输通道，这包含双方交换密钥等一系列"握手"过程。此后客户端便可以利用 SFTP 协议定义的操作来读写服务器的文件。下面将在第 4 章中实现这些内容。

　　当到达旅程的终点时，我们将能在 Linux 主机上通过实现的文件传输客户端与其他 Linux 主机上的文件服务器进行通信并进行正常的交互，也能使其他网络应用使用实现的 TCP/IP 协议栈相关接口进行通信。

第1章

链路层：Ethernet

从本章开始，我们将从链路层到传输层递进式地设计与实现一个具有完整功能、能够与一般的网络主机通信的 TCP/IP 协议栈（将之命名为 HomeStack），深刻理解网络协议栈的设计思想与实现原理。

在本章中，我们将第一次接触网络数据包分析工具 Wireshark [1]。Wireshark 是进行网络分析、错误定位的主流工具，在实现 HomeStack 的相关实验内容中，我们也将学习如何使用 Wireshark 进行协议栈各层的数据分析与问题排查，从而掌握使用该工具对自己的程序实现与实际网络问题进行调试的能力。

在本章中，我们也将实现 HomeStack 中链路层的相关内容。链路层的主要功能（如图 1.1 所示）包括 0-1 数据流与数据包间的相互转换、提供多用户访问能力，以及区分上层协议等。在现代计算机系统中，网卡或网卡驱动一般会自动完成拆装数据包以及识别数据包的发送者与接收者的工作。此外，不同的链路层协议也会通过不同方式让开发者能够指定数据发送的目标用户及上层协议。在本书中，我们不考虑网络设备自身的内部实现，而是在拥有网络设备的情况下，尝试利用链路层协议为上层实现提供功能接口。我们将从以太网（Ethernet）设备与现行的一种以太网数据包格式标准 Ethernet II 入手，学习进行以太网数据包的收发与以太网数据包头中各数据域的填充。

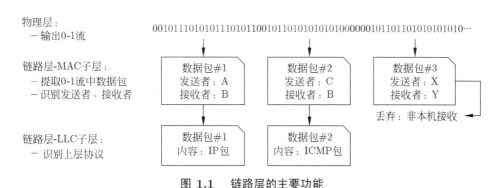

图 1.1　链路层的主要功能

1.1　实　验　目　的

在本章中，我们将掌握如下内容：

1. 熟悉数据包分析工具 Wireshark 的基本功能。
2. 熟悉网络主机使用 Ethernet 包进行通信的流程。

3. 使用 libpcap 进行网络设备的管理及 Ethernet 包的收发。

1.2 实验环境配置

在本章中，我们可能需要用到的新命令行工具及其安装方式如表 1.1 所示。

表 1.1 本章新命令行工具及其安装方式

工具名称	工具类型	包含该工具的 apt 软件包
Wireshark	应用程序	wireshark
Tshark	命令	tshark
ip	命令	iproute2
libpcap	函数库	libpcap-dev

Wireshark 工具可以在官网 [1] 或包管理器下载。我们可以从 Wireshark 的手册和问答页面中找到很多有用的帮助信息。

> 提示 1.1 使用 Wireshark/Tshark 嗅探数据包时常出现的一种报错是提示权限不足。一般而言权限不足报错可以通过以超级用户身份执行程序的方式解决，但 Wireshark/Tshark 出于安全性考量，并不支持以超级用户身份执行。官方对该问题建议的解决方案是将 Wireshark/Tshark 分配至一个具有数据包嗅探权限的用户组，但存在该解决方案在一些情况下不能正确解决问题的报告。一种更加有效（但也会泄露更多权限）的解决方案是赋予 Wireshark/Tshark 使用的数据包嗅探子程序 dumpcap 超级用户权限，并将之设置为允许所有用户执行。执行这一操作所需的命令为 chmod 4755 path [详见 man::chmod(1)]，其中 path 是 dumpcap 的程序路径。

本章另需使用工具 ip 进行 Linux 虚拟网络设备的创建。Linux 虚拟网络设备有多种类型，而在本章中我们将主要使用虚拟以太网设备（veth）。本书不介绍 ip 的具体使用方法，而是通过提供一组实用工具（vnetUtils）封装所需使用的功能，这一组实用工具在网络层与传输层的实验中也将会有对应的应用。下面介绍使用这一组实用工具创建 Linux 虚拟以太网设备的方法。

```
$ cd lab-netstack::3rd/vnetUtils/helper
$ ./addVethPair name1 name2
```

如上所示的调用会创建一对 Linux 虚拟以太网设备。Linux 虚拟以太网设备总是成对出现，每一对 Linux 虚拟以太网设备可以看作两张由网线连接的有线网卡。当用户向其中一端（即其中一个虚拟以太网设备）发送数据包后，在另一端（即另一个虚拟以太网设备）可以收到发送的数据包。Linux 虚拟以太网设备对也是搭建虚拟网络所需的核心组件之一。可以使用 Linux 虚拟以太网设备对和数据包嗅探工具（Wireshark 或

Tshark）验证 HomeStack 链路层实现的正确性：在一端写入（发送）数据包之后，应当能在另一端抓取到写入的数据包；抓取到的数据包应当具有正确的 Ethernet II 数据包头，并且能被 Wireshark 正确解析。

> **提示 1.2**　使用 vnetUtils 工具可以方便地创建虚拟网络拓扑，HomeStack 将会运行在这样的网络拓扑上。请仔细阅读 lab-netstack::3rd/vnetUtils/README.md 并掌握其用法。

1.3　实 验 内 容

1.3.1　Wireshark

Wireshark 是一款功能丰富的开源网络数据包分析软件。Wireshark 带有图形用户界面，其对应的命令行工具是 TShark。在本次实验中，我们将学习 Wireshark 的基本使用，并利用它完成网络数据包的分析。在本书的所有实验中，用到的 Wireshark 功能包括：

- 实时地嗅探经过指定网络接口的数据包。
- 查看数据包中每一字节所属的网络协议和具体含义。
- 对网络数据的流量、时延等属性进行统计。
- 使用过滤器，只保留我们关心的数据包。

下面，我们将学习 Wireshark 的两个主要功能——数据包嗅探和数据包分析。

数据包嗅探

首先是数据包嗅探（也叫作"抓包""数据包捕获"）。顾名思义，Wireshark 会"嗅探"指定网络接口发送和接收的数据帧，而 Wireshark 本身不会发送任何数据。被嗅探的数据可以保存在文件中，便于后续的回放 [2] 和分析。常用的文件格式有 PCAP [3] 及其扩展 PCAPNG（PCAP Next Generation [4]）。在后面的实验中，使用 Wireshark 或 TShark 来调试实现的协议栈。

打开 Wireshark 后，欢迎主界面列举了当前可以进行嗅探的网络接口。如果接入的是 Wi-Fi 无线局域网，双击类似"WLAN"或"Wi-Fi en0"的字样即可开始嗅探。也可以在菜单栏"捕获-选项"中进行更详细的嗅探配置。

> **旁注 1.1（Wireshark 的嗅探原理）**　Wireshark 利用 pcap 进行实时的数据包嗅探。pcap（全称 Packet Capture）是一组用于嗅探和生成网络流量数据的应用程序接口。pcap 接口在不同的操作系统下有不同的具体实现。libpcap 是类 UNIX 系统下的 pcap 接口的一种实现；tcpdump 是封装了 libpcap 的命令行工

具。而对于 Windows 操作系统，pcap 接口有 WinPcap 和 Npcap 两种实现，其中 WinPcap 的维护在 2013 年已经停止。

　　pcap 接口在类 UNIX 系统下通常使用原始套接字 [5] 实现。如图1.2所示，当有新的数据包要发送和接收时，内核会将数据包复制一份，然后转发给打开了原始套接字的应用程序（比如 Wireshark）。

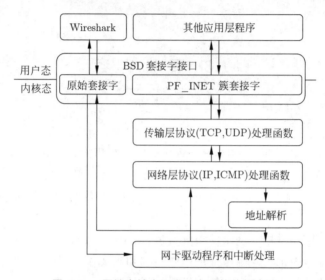

图 1.2　　原始套接字可用于实现数据包嗅探

练习 1.1

　　尝试在 Wireshark 开始数据包嗅探。嗅探开始后在浏览器中访问自己喜欢的网站，并观察 Wireshark 的输出。最后在菜单栏中选择"文件-保存"将嗅探结果保存到文件中。

　　在终端环境中，使用命令行工具会便于操作和编写自动化脚本。Wireshark 提供了很多嗅探、分析、处理数据包的工具，比如 Tshark、capinfos、editcap。可以在 Wireshark 的菜单栏中选择"帮助-说明文档"找到这些工具的使用方法。下面介绍 Tshark 这一命令行工具。具体的使用方法见 man::tshark(1)，这里简单列举几个实用的例子。

```
# 从网络接口 eth0 嗅探数据包，并保存到文件 result.pcap
tshark -i eth0 -w result.pcap
# 显示文件 result.pcap 的内容
tshark -r result.pcap
# 显示文件 result.pcap 的每个数据包的字节，这对后面调试可能会很有帮助
tshark -r result.pcap -x
# 显示文件 result.pcap 的包含 HTTP 信息的数据包
tshark -r result.pcap -Y http
# 统计文件 rseult.pcap 中 IP 层会话的数据
tshark -r result.pcap -q -z conv,ip
```

> **旁注 1.2（Tcpdump）** Tcpdump 是另一个常用的命令行工具。Tshark 的很多命令行选项都是参考 Tcpdump 设计的，所以这两个工具的使用方法相差不大，不过 Tshark 提供了一些新的用于分析数据包的功能。

数据包分析

接下来，我们学习使用 Wireshark 进行数据包分析。图1.3是 Wireshark 的数据包分析界面，从上往下依次是：

- 菜单栏：包含了 Wireshark 所有的功能和配置。目前只用到了"文件"和"捕获"两个主菜单。

- 工具栏：包含了常用的快捷方式，比如开始新的捕获、停止捕获、打开已保存的捕获文件等。工具栏中的工具也能在菜单栏中找到功能一样的栏目。

- 过滤器：接收一个过滤表达式。Wireshark 将根据过滤表达式，只显示和表达式匹配的数据包。

- 已捕获的数据包列表：每一行显示一个捕获的数据包，每行的主要信息包括数

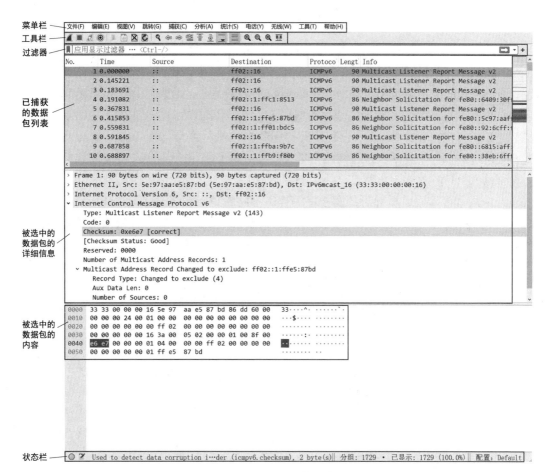

图 1.3 Wireshark 的数据包分析界面

据包编号、捕获的时间、数据包的源地址和目的地址、协议类型和协议携带的信息总结。

- 被选中的数据包的详细信息：显示了数据包列表中被选中的数据包的详细信息。
- 被选中的数据包的内容：显示了数据包列表中被选中的数据包的内容。数据包的每个字节将以十六进制打印出来。
- 状态栏：显示当前 Wireshark 的工作状态。

练习 1.2

用 Wireshark 打开文件 `lab-netstack::pcap-trace/trace.pcap`，完成以下实验。首先在过滤器中键入表达式 `eth.src == 6a:15:0a:ba:9b:7c`，只保留 Ethernet 源地址为 `6a:15:0a:ba:9b:7c` 的数据包。然后找到过滤结果中的第三个数据包，回答以下问题：

1. 符合过滤表达式的数据包有多少个？（提示：观察状态栏）
2. 这个数据包的 Ethernet 目的地址是什么？有什么特殊含义？
3. 这个数据包的第 71 个字节（从 0 开始计数）是什么？

1.3.2 基于 libpcap 的以太网数据包收发

在 1.3.1 节中，我们已经通过使用 Wireshark 抓取与分析 Ethernet 数据包对 Ethernet 中主机间通信的流程有了一定的认知。在本节中，我们将自己动手实现这一流程，使用 libpcap [6] 库进行以太网（Ethernet II）数据包的收发。以太网数据包广泛用于有线网络传输，绝大多数千兆速率有线网卡皆支持 GigE 特性，即支持以太网数据包。同时，Linux 虚拟以太网卡 [7] 也使用此类型数据包进行通信，而 Linux 虚拟网络也将是 HomeStack 运行的环境。在网络层的实现中，我们将基于本实验实现的函数接口进行数据通信。

与应用程序编写者所熟悉的套接字编程所不同的是，在链路层无法使用任何协议栈上层所提供的抽象，如实际应用中常见的 IP 地址或 TCP 端口等。相反，我们将直接与硬件建立联系，指定收发以太网数据包所使用的网络设备。在本实验中，我们将完成两部分任务：第一部分任务为在 HomeStack 中管理网络设备，第二部分任务则是使用在 HomeStack 中注册的设备进行数据包的收发。

其中，第一部分任务如下：

```
void DeviceManager::addDevice(pcap_if_t *dev);
```

- 该函数打开 libpcap 找到的一个网络设备并将其添加到设备管理数据结构中。
- dev 是通过 `pcap_findalldevs` 函数发现的 `pcap_if_t` 设备。

在第二部分任务中，我们将利用网络设备编号来指定网络设备，并在其上进行数据包的收发。在了解第二部分任务之前，让我们首先对 Ethernet II 数据包头格式进行一些介绍：

```
struct ethhdr
{
    uint8_t h_dest[6];
    uint8_t h_source[6];
    uint16_t h_proto;
};
```

上述结构体声明可以通过包含 Linux 标准头文件 `netinet/ether.h` 而获得。Ethernet II 数据包头共包含三个域，分别是当前数据包的目标以太网地址 `h_dest`、源以太网地址 `h_source`，以及上层协议代码 `h_proto`。上层协议代码指明了当前数据包中包含的网络层数据包的类型。常用的 `h_proto` 值包括 `ETH_P_IP`（IPv4 数据包，其值为 `0x0800`）、`ETH_P_ARP`（ARP 数据包，其值为 `0x0806`）等。

在第二部分任务中，我们的目标是提供收发以太网数据包的功能。在发送时，还需要正确地初始化数据包头中所指定的各个域。第二部分任务的具体内容如下：

```
void Device::sendFrame(char *buf, size_t len, MacAddress dst);
```

- 该函数向指定的 MAC 地址发送一个 Ethernet 数据包。
- `buf` 是所要发送的内容；`len` 是要发送内容的字节数；`dst` 是目标 MAC 地址。

注意
- 该函数的参数不包括源以太网地址。该函数的实现应当自动填充数据包头中该域的值。

```
void Device::onReadable() override;
```

- 该函数作为一个回调函数在设备收到数据包时被调用，其解析 Ethernet II 数据包并将数据转交给上层。

提示 1.3
- 注意字节序。任何网络通信中使用的数据包头所包含的域都应当以大端法表示。Linux 标准头文件 `arpa/inet.h` 提供了用于转换整数字节序的函数供使用 [详见 `man::byteorder(3)`]。
- 细心的读者可能发现 Ethernet II 数据包中不仅包含数据包头和数据内容，也会在包的最后包含一个 CRC 校验和。本实验中不需要实现者计算这一校验和。事实上，这一过程会由网络设备自动完成。
- 本章可能用到的 libpcap 库函数包括：
  - `pcap_create`（`man::pcap_create(3pcap)`）：初始化数据结构以在指定设备上抓包。
  - `pcap_findalldevs`（`man::pcap_findalldevs(3pcap)`）：列举网络设备。

- ○ pcap_set_promisc（man::pcap_set_promisc(3pcap)）：抓取并非发送至本机的包。
- ○ pcap_next_ex（man::pcap_next_ex(3pcap)）：接收数据包。
- ○ pcap_sendpacket（man::pcap_sendpacket(3pcap)）：发送数据包。
- ○ pcap_get_selectable_fd（man::pcap_get_selectable_fd(3pcap)）：返回一个可供非阻塞 I/O 接口（如 epoll）使用的文件描述符。

需要注意，尽管使用如上列举的库函数可以实现本章要求的内容，但实现本章内容所需的库函数集合并非是唯一的。读者也可能发现需要一些其他库函数用以支持更加定制化的功能 [详见 man::pcap(3pcap)]。

参 考 文 献

[1] Wireshark. https://www.wireshark.org.

[2] Tcpreplay. https://tcpreplay.appneta.com/.

[3] Pcap. https://tools.ietf.org/id/draft-gharris-opsawg-pcap-00.html.

[4] Pcapng. https://tools.ietf.org/id/draft-tuexen-opsawg-pcapng-04.txt.

[5] Af_packet. https://man7.org/linux/man-pages/man7/packet.7.html.

[6] Libpcap. https://www.tcpdump.org/manpages/pcap.3pcap.html.

[7] Linux veth. http://man7.org/linux/man-pages/man4/veth.4.html.

第2章

网络层：IP

2.1 实验目的

在本章中，我们将掌握如下内容：

1. 熟悉 IP 协议数据包格式。
2. 掌握和实现距离向量路由算法。
3. 理解和实现 IP 转发机制。

2.2 实验内容

2.2.1 Wireshark

在本次实验中，我们将观察 ARP 协议和 IP 协议的工作方式。

练习 2.1

用 Wireshark 打开文件 `lab-netstack::pcap-trace/trace.pcap`，只保留相关数据包，并回答以下问题：

1. 在一次 ARP 交互中，ARP Request 的 Sender MAC address 和 ARP Reply 的哪个属性相同？

2. 有多少个 IPv4 数据包的 Don't fragment 标志位是没有被设置的？

3. IPv4 和 IPv6 的协议头（不包括 IP options）长度分别是多少？

2.2.2 路由表

IP 协议的核心在于各个网络节点实现 IP 转发，在一个节点收到一个 IP 数据包时，它将决定将该包转交给上层协议还是转发到其他节点，而决定这一行为的依据是路由表。IP 路由表项通常由以下域构成：①目的地 IP 地址；②子网掩码，描述目的地 IP 地址所代表的子网；③网关，即下一跳节点的 IP 地址；④设备接口，即数据包应该从哪个设备接口发送；⑤距离，描述该节点距离目标地址的距离，由路由算法决定。下面已经给出了路由表项的结构：

```
class Entry {
  public:
    IPAddress dest;
    IPAddress mask;
    Device *dev;
    uint8_t metric;
    ...
};
```

我们忽略了网关字段，这是因为在创造的虚拟网络拓扑中，设备接口完全决定了下一跳地址。为完善路由表的功能，需要实现对路由表的插入和查询：

```
void RoutingTable::addEntry(IPAddress dest, IPAddress mask, Device *dev, uint8_t
    metric, bool immortal);
```

- 该函数插入或更新路由表中的一个表项。
- 具体更新方式取决于路由算法。
- `immortal` 表明该表项是否可变。

```
Entry* RoutingTable::lookup(IPAddress ip_address);
```

- 该函数根据一个 IP 地址查询并返回路由表中的一个表项。
- 如果查不到，表明节点无法转发目标为该地址的数据包，返回 `nullptr`。

提示 2.1

- 路由表查询应该结合子网掩码进行最长前缀匹配（Longest Prefix Match），而不是与目标地址精确匹配。
- 目前 Linux 系统工具中用于查看网络状态（包括路由表）的工具是 `netstat`，用于管理本地路由表的工具是 `route`。详见 `man::netstat(8)` 和 `man::route(8)`。

2.2.3 路由算法

有了路由表之后，需要路由算法来更新它，使各个节点能够发现彼此并正确转发数据包。首先需要借助已经实现的以太网帧收发和 ARP 协议来完成 IP 数据包的收发和处理，并以此完成路由算法。IP 数据包头结构将遵循标准文档 RFC 791 [1] 的说明，IPv4 数据包头的结构在 Linux 标准头文件 `netinet/ip.h` 中给出了定义：

代码 2.1

```
/*
 * Definitions for internet protocol version 4.
 * Per RFC 791, September 1981.
 */
#define IPVERSION 4
```

```
/*
 * Structure of an internet header, naked of options.
 *
 * We declare ip_len and ip_off to be short, rather than u_short
 * pragmatically since otherwise unsigned comparisons can result
 * against negative integers quite easily, and fail in subtle ways.
 */
struct ip {
#if BYTE_ORDER == LITTLE_ENDIAN
    u_char ip_hl:4,/* header length */
        ip_v:4; /* version */
#endif
#if BYTE_ORDER == BIG_ENDIAN
    u_char ip_v:4,/* version */
        ip_hl:4; /* header length */
#endif
    u_char ip_tos; /* type of service */
    short ip_len; /* total length */
    u_short ip_id; /* identification */
    short ip_off; /* fragment offset field */
#define IP_DF 0x4000 /* dont fragment flag */
#define IP_MF 0x2000 /* more fragments flag */
    u_char ip_ttl; /* time to live */
    u_char ip_p; /* protocol */
    u_short ip_sum; /* checksum */
    struct in_addr ip_src,ip_dst; /* source and dest address */
};

#define IP_MAXPACKET 65535 /* maximum packet size */
```

借助定义的 IP 数据包头，需要实现以下任务：

```
bool IPLayer::makePacket(IPAddress source, IPAddress destination, ServiceProtocol
    proto, void *buf, size_t length);
```

- 该函数产生一个 IP 数据包并存储在 `IPLayer::buffer_` 中。
- `source`、`destination` 分别是发送、接收方的 IP 地址，`proto` 是数据包包含的上层协议，`buf`、`length` 分别存放数据和其长度。

```
bool IPLayer::deliverPacket(const IPAddress &destination, size_t packet_length);
```

- 该函数查询路由表，将存储在 `IPLayer::buffer_` 中的 IP 数据包发送到指定地址。
- 若发送成功，返回 `true`；否则返回 `false`。

```
bool IPLayer::sendPacket(IPAddress source, IPAddress destination, ServiceProtocol
    proto, void *buf, size_t length)
```

- 该函数调用 `makePacket` 和 `deliverPacket`，将上层协议数据封装为 IP 数据包发送。

- 若发送成功，返回 true；否则返回 false。

每当下层协议收到数据包并转交给 IP 层时，IP 层调用一个回调函数来处理该数据包：

```
void IPLayer::onReceive(Device *dev, char *buf, size_t len) override;
```

- 该函数处理收到的所有 IP 数据包并更新路由信息、转发它或将它交给上层协议。
- dev 是收到数据包的设备接口，buf、len 分别存放数据包和其长度。

距离向量算法

在成功收发 IP 数据包后，使用距离向量（Distance Vector，DV）算法来实现路由，此算法是基于动态规划的分布式路由算法，收敛速度较慢、稳定性较差，但易于实现和理解。使用 vnetUtils 工具，创建虚拟网络并为虚拟网卡手动分配 IP 地址，每个 IP 地址将作为距离向量算法中的一个节点并维护一个距离向量，该向量记录此节点与其他节点的最短路径和该路径上下一跳路由的地址。所有节点周期性地向所有相邻节点发送自己的距离向量，收到其他距离向量 dv 的节点 x 将使用 Bellman-Ford 公式 [2, 3] 来更新自己与节点 y 的最短距离：$\mathrm{distance}(x,y) = \min_v\{\mathrm{dv}(x,v) + \mathrm{distance}(v,y)\}$，其中 v 是任一个其他节点，$\mathrm{dv}(x,v)$ 是其他距离向量中记录的节点 x 到节点 v 的最短距离。

第一步，需要定义合理的距离向量结构，并在路由时将它作为 IP 数据包的负载发送和接收。

第二步，每个节点每隔一段时间，将自己的距离向量发送给所有相邻节点。此时接收端需要能够辨别一个 IP 数据包是否是路由包，一种简单的做法是使用标准文档 RFC3692 [4] 章节 2.1 中规定的测试协议号（253 或 254），并自定义为 ServiceProtocol::TESTING 填充在 ip_p 中。

此外，路由算法需要应对网络拓扑的动态变化，即路由表能够反映节点的加入和退出。上文所述的方法可以处理新节点的加入，还需要一种机制来识别节点的退出。为此，可以借鉴 RFC 1058 [5] 所定义的路由信息协议（Rounting Information Protocol, RIP）的做法：当一个设备接口连续一段时间（比如路由包发送间隔的 2 倍）没有收到路由包时，它假定该设备对端的节点已经退出了网络，并将路由表所有以该设备作为发送接口的表项均设为不可达（将目标距离设为无穷大）。

改进收敛速度

距离向量算法在节点退出时可能会出现 Count to Infinity 问题，如图 2.1 所示，当节点 C 退出网络时，节点 B 设置自己到它的距离为无穷大，但节点 A 对此并不知晓。此后节点 A 向节点 B 发送距离向量，后者会将自己到节点 C 的距离更新为 3。可以看出，此后节点 A、B 会不断相互更新直到二者到节点 C 的距离都被增加到无穷大，这会导致网络路由收敛速度很慢。Count to Infinity 问题的本质原因在于距离向量算法中，当一个节点收到一个距离向量时，它不能判断自己是否处在邻居节点所认为的最短路径上。因此可以使用一种叫作 split horizon [6] 的简单方法来避免：依旧如图 2.1 所示，假

设节点 A 认为它与节点 C 通信需要通过节点 B，那么它发送给节点 B 的距离向量便不包含 $(C,2)$ 这条信息。这样当节点 C 退出网络时，节点 B 不会被节点 A 误导，算法的收敛速度会大大加快。添加了这项改进后，节点向不同邻居发送的距离向量便是不同的，可以通过以下函数来产生距离向量：

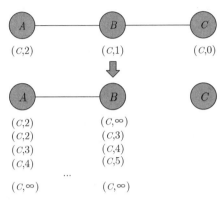

图 2.1　Count to Infinity 问题

```
std::unique_ptr<DistVec> RoutingTable::createDistVec(Device *dev);
```

- 该函数根据路由表产生一个距离向量。
- 如果一个路由表项的设备接口与 dev 相同，那么距离向量中不包括该表项地址。

在以下函数中实现 IP 层的路由算法：

```
void IPLayer::processProbePacket(const IPAddress &src, const IPAddress &dest,
    char *buf, size_t len, Device *dev);
```

- 该函数接收一个存储邻居节点距离向量的路由包并依此更新路由表。

```
void IPLayer::sendProbePacket();
```

- 该函数根据 split horizon 的原则向所有邻居节点发送距离向量。

　　旁注 2.1　读者可能已经注意到，标记链路层设备的 MAC 地址和标记网络层设备的 IP 地址之间缺少一个映射关系。在一个完整的网络协议栈中，一般同一个设备既具备链路层功能，也具备网络层功能，这一特性带来的需求是：MAC 地址与 IP 地址之间必须建立一个映射关系。在创建的虚拟网络拓扑中，这样的映射关系是固定的：每个虚拟网卡被分配了一个 MAC 地址和一个 IP 地址。因此在 Device 类中便可以维护这样的映射关系。

　　然而在实际的网络协议栈中，这样的映射关系并不是固定的。MAC 地址应当与实际的硬件相联系，它采取了最简单的实现方式，即为每个以太网设备预分配一个 MAC 地址，这个地址会写入设备存储中用以唯一标识一个硬件。IP 地址包含了用于标识地理位置的信息，但 MAC 地址却不会随着设备移动，这一矛盾说明了不能将 IP 地址预分配给设备。在实际应用中，用于在 IP 地址与 MAC 地址间建立映射关系的是 RFC 826 [7] 定义的 ARP 协议，其在局域网内通过询问-回答以及广播的方式建立 IP 地址与 MAC 地址间的映射。

2.2.4　IP 转发

在实现路由算法后，HomeStack 已经能够维护网络中各个节点间的最短路径。使用如下函数使节点间正确转发 IP 数据包：

```
bool IPLayer::routePacket(const IPAddress &dest, char *buf, size_t len);
```

- 该函数将一个 IP 数据包转发到指定地址。

到这里，已经实现了 IP 路由的基本功能。现在使用 vnetUtils 工具创建虚拟网络并测试网络层功能，具体来说，测试虚拟网络中各个节点路由表信息是否正确以及节点是否能根据路由表将 IP 数据包转发到下一跳地址。

提示 2.2

- 注意字节序。节点发出的 IP 数据包头所包含的域都应当以大端法存储。在收到数据包并解读处理这些域时，应当先将其转换为自己机器的表示方式（通常为小端法）。
- 本实验不需要实现 IP 数据包分段（Fragmentation），对于包头的 Identification、Flags、Fragment Offset 域可以用默认值（例如 0）填充并在处理时忽略。
- 本实验不需要实现服务类型（Type of Service），对于包头的 Type of Service 域可以用默认值（例如 0）填充并在处理时忽略。
- 可以使用 Wireshark 抓取节点发出的数据包来调试程序。

练习 2.2

创建如图 2.2 所示的网络拓扑，在每个节点上运行 HomeStack。打印每个节点的路由表并查看是否正确；关闭运行在 ns2 上的 HomeStack 进程，再次打印路由表，查看路由表是否能反映 ns2 的退出；重启 ns2 上的 HomeStack 进程，查看路由表是否能反映 ns2 的加入。

ns1 --- ns2 --- ns3 --- ns4

图 2.2　练习 2.2 网络拓扑

练习 2.3

创建如图 2.3 所示的网络拓扑，在每个节点上运行 HomeStack。打印每个节点的路由表并查看是否正确；关闭运行在 ns3 上的 HomeStack 进程，再次打印路由表，查看路由表是否能反映 ns3 的退出；重启 ns3 上的 HomeStack 进程，查看路由表是否能反映 ns3 的加入。

```
ns1 --- ns2 --- ns3 --- ns4
         |       |
        ns5 --- ns6
```

图 2.3　练习 2.3 网络拓扑

参 考 文 献

[1] RFC791. https://datatracker.ietf.org/doc/html/rfc791#section-3.1.

[2] BELLMAN R. On a routing problem[J]. Quarterly of Applied Mathematics, 1958, 16: 87-90.

[3] FORD L R. Network Flow Theory[M]. Santa Monica, California: The Rand Corp., 1956.

[4] RFC3692. https://tools.ietf.org/html/rfc3692.

[5] RFC1058. https://datatracker.ietf.org/doc/html/rfc1058.

[6] CEGRELL T. A routing procedure for the tidas message-switching network[J]. IEEE Transactions on Communications, 1975, 23(6): 575-585.

[7] RFC826. https://datatracker.ietf.org/doc/html/rfc826.

第 3 章

传输层：TCP

在本章中，我们将实现 HomeStack 的传输层。TCP 协议是应用最为广泛的传输层协议，它向上层应用提供了基于连接与字节流的数据传输模型，并在传输时保证了数据的原始顺序及可靠性。作为协议栈中应用程序直接调用的模块，TCP 协议向应用程序隐藏了网络的复杂性（如数据丢失、乱序等），隐藏了数据包的概念，使应用程序编写者不需要了解网络本身，也不需要处理数据包相关的烦琐逻辑就可以编写网络应用。TCP协议正是我们在本章中将要实现的内容，这是实现 HomeStack 的最后一步，也是最为复杂的一步。

与前两章相同，我们将首先通过使用 Wireshark 分析 TCP 数据包来熟悉 TCP 协议的相关知识，同时也获得使用 Wireshark 调试协议栈实现的能力。

在此之后，我们将以 TCP 标准文档 RFC 793 [1] 为参考，分步实现 TCP 协议的各个部分。首先是 TCP 状态机的维护。与 IP 协议与 Ethernet 协议不同，TCP 协议引入了"连接"这一概念。通信双方需要建立连接才能通信，而通信结束后也会关闭连接。在数据包收发的过程中，我们将按照标准文档给定的规则对连接的状态进行维护，这便是这一部分的任务。在完成 TCP 状态机的维护之后，我们将实现 TCP 发送窗口与接收窗口的维护。在 TCP 协议中，发送者需要确认接收者有足够的空间暂存收到但未提交给应用程序的数据；为了保证数据成功发到对端，发送者也需要通过接收对端的确认（ACK）包得知已发送的数据是否已经送达。TCP 协议实现这些机制的方式是在数据包收发的过程中维护发送方的发送窗口（即已发送但未被确认的数据的范围）与接收方的接收窗口（预期收到的数据范围），并通过适当的通信在收发双方之间交换信息，我们在这一部分便要实现这些功能。最后，我们将实现 TCP 协议的异常处理逻辑，实现 TCP 数据重传机制以应对网络中可能出现的数据包丢失现象，并实现连接重置机制以响应意义不明的 TCP 包。

实现 TCP 协议的功能之后，我们将遵循 POSIX 接口定义实现基本的套接字调用，从而使应用程序可以通过标准的套接字接口调用 HomeStack 的各项功能。至此，便完成了 HomeStack 的实现，可以基于它实现应用程序，并与网络中的其他 TCP/IP 主机通信。

3.1 实 验 目 的

在本章中，我们将掌握如下内容：

1. 熟悉 TCP 协议数据包格式。

2. 理解和实现 TCP 状态机。

3. 理解并实现部分网络编程 POSIX 接口。

3.2　实验内容

3.2.1　Wireshark

使用 Wireshark 分析 TCP 协议

传输控制协议（TCP）是一种面向连接的、可靠的、基于字节流的传输层通信协议。在这次实验中，我们将分析 TCP 数据的相关属性。

练习 3.1

用 Wireshark 打开文件 lab-netstack::pcap-trace/trace.pcap，并问答以下问题：

1. 文件 trace.pcap 包含了多少个 TCP 会话？这些会话各包含了多少个数据包？提示，在菜单栏中的"统计"选项中可能有相关信息。

2. 四元组常用来确定一个 TCP 连接。四元组的形式为（源 IP 地址，源端口号，目的 IP 地址，目的端口号）。请写出文件 trace.pcap 中的所有 TCP 会话对应的四元组。

3. 在第 86 个数据包中，所指示的 TCP 接收窗口的大小是多少？这个数值是如何计算出来的？

使用 Wireshark 分析 DHCP 协议

DHCP（动态主机设置协议）[2] 主要用于局域网或网络服务供应商中用户 IP 地址的自动分配。在这次实验中，我们将观察用户主机如何通过 DHCP 协议申请 IPv4 的地址。

练习 3.2

用 Wireshark 打开文件 lab-netstack::pcap-trace/trace.pcap，在过滤器中键入表达式 dhcp，只保留相关数据包，并问答以下问题：

1. DHCP 运行在 UDP 还是 TCP 之上？

2. 识别此次 DHCP 交互的 Transaction ID 是多少？DHCP 服务器的 IP 地址是什么？DHCP 服务器指明的 DNS 服务器地址和网关地址分别是多少？DHCP 服务器给用户分配的 IP 地址是什么？用户获得的 IP 地址的有效使用时间有多长？

3. DHCP Discovery 和 DHCP Request 数据包的内容有何不同？

使用 Wireshark 分析 HTTP 协议

在这次实验中，我们将观察 HTTP 协议 1.1 版本的工作方式。

练习 3.3

用 Wireshark 打开文件 `lab-netstack::pcap-trace/trace.pcap`，并问答以下问题：

1. 一共有多少个 HTTP 请求？HTTP 的响应码分别是多少？有什么含义？

2. 从第一个 HTTP 请求发出到收到响应的最后一个字节，一共花了多长时间？

3. 文件 `trace.pcap` 包含了一个主机从接入局域网（LAN）到访问 `lab.course.net` 网站的全过程。请按时间顺序列举这个过程中主要用到的网络协议。

4. 其中一个 HTTP 请求的响应是一个视频文件，这个视频的内容是什么？提示，使用 Tshark 的 `--export-objects` 选项可以导出 HTTP 响应的内容，查看相关文档可找到该选项的使用方法。

3.2.2　TCP 状态机

相比于在之前的实验中已经接触过的 Ethernet、ARP、IP 协议，TCP 协议最大的不同点在于使用 TCP 协议通信的协议是有状态的。这意味着 TCP 主机在收到一个 TCP 数据包之后不仅要根据数据包的内容，也要根据自身当前的状态来处理数据包，相同的数据包在不同的状态下会对应不同的处理策略。在实现更加丰富的 TCP 协议特性之前，我们将实现一个最基本的 TCP 协议框架，即 TCP 状态机。在本实验中，我们将实现 TCP 原始文档所定义的 TCP 状态机，见 RFC 793[①]。在这里，假设读者已经了解了 TCP 连接的生命周期。

我们已经知道，使用 TCP 协议进行通信需要首先与通信对端建立连接，而在结束通信之后需要关闭连接。若对方已关闭连接或尚未建立连接，则我们会在尝试发送数据时收到错误返回值。维护 TCP 连接的生命周期正是 TCP 状态机的功能。实现 TCP 状态机包括两部分工作：其一是发送与响应 TCP 包，其二是检测状态转换条件。在本节中我们将把这两部分工作解耦并分别实现。

发送与响应 TCP 包

在介绍本部分功能之前，首先对 TCP 数据包格式进行回顾：

```
struct tcphdr
{
    uint16_t source;
    uint16_t dest;
    uint32_t seq;
    uint32_t ack_seq;

    uint16_t res1:4;
    uint16_t doff:4;
    uint16_t fin:1;
```

[①] https://datatracker.ietf.org/doc/html/rfc793#page-23.

```
    uint16_t syn:1;
    uint16_t rst:1;
    uint16_t psh:1;
    uint16_t ack:1;
    uint16_t urg:1;
    uint16_t res2:2;

    uint16_t window;
    uint16_t check;
    uint16_t urg_ptr;
};
```

如上所示的结构体定义了 TCP 包数据头的格式（此处给出的是小端法机器上的定义），这一结构体声明可以通过包含 Linux 标准头文件 netinet/tcp.h 获得。TCP 包头部中包含了大量的信息，其中 source 和 dest 域分别指明了该包发出与接收的端口号；seq 和 ack_seq 是当前包所携带内容的序列号与当前包确认收到的序列号；fin、syn、rst、psh、ack、urg 是 TCP 控制位，分别指明了该包是否是挥手包、是否是握手包、是否是重设包、是否应当立即发送、是否携带了有效的 ack_seq 域以及是否携带了紧急数据；window 是发送窗口剩余的大小；check 是 TCP 校验和；urg_ptr 是紧急数据位置指针。另外，res1 和 res2 是 TCP 标准中未使用的位，在实际使用时需要置零。除此之外，TCP 数据头还可能包含长度不定的 TCP 选项部分，这一部分数据紧跟在上述数据头之后，而由于 TCP 数据头长度不定，doff 域指明了包含 TCP 选项后 TCP 数据头的长度（单位为 4 字节）。

将 TCP 包生成功能封装为如下需要实现的接口：

```
std::unique_ptr<Segment> SegmentFactory::createSegment(SequenceNumber seq,
    SequenceNumber ack, SegmentFlags ctl, char *data, size_t data_length)
```

- 该函数根据传入的 TCP 数据头相关信息与数据包内容生成 TCP 数据包。
- 参数中所有 TCP 包头域用本机字节序表示。此函数的实现必须能正确处理 source、dest、fin、syn、rst、psh、ack、window 域；data 是存储数据包内容的缓冲区；data_length 是数据包内容的长度，单位为字节。

提示 3.1

- 注意字节序。任何网络通信中使用的数据头所包含的域都应当以大端法表示。
- 为了生成正确的 TCP 包，需要计算 TCP 校验和。
- 在本实验中不实现在现代网络应用中并未使用的紧急数据相关功能。在生成 TCP 包时，请将 urg 和 urg_ptr 域置零。
- 在本实验中不使用 TCP Options 域。

在拥有生成 TCP 包的能力之后，我们将在不出现异常的情况下实现 TCP 包的发送与响应。我们知道，TCP 协议向上层应用提供了可靠的字节流抽象，即 TCP 数据的接收方收到的是与发送方发出顺序相同、内容一致的字节序列。这一功能得以实现的关键在于 TCP 协议的序号机制。用户交由 TCP 协议发送的每一个字节都会在 TCP 发送端被赋予一个编号，而 TCP 的接收端使用这些编号来对收到的数据进行排序与组合，从而还原发送端发出数据的顺序并确定暂未收到数据的序号范围；TCP 接收端在收到数据之后也会向发送端发送确认信息来表示接收端已经收到了对应编号的数据，从而使发送端能够确定接收端仍未收到的数据序号范围，并通过重传来恢复数据（将在3.2.4节讨论重传）。

首先在只有数据包的情况下讨论 TCP 的序号机制：对于发送端而言，在连接建立时，TCP 数据的发送者会为自身指定一个类型为 32 位无符号整数的初始序号值。此后每个数据字节都会占用一个序号，每个数据字节的序号（以发送顺序而言）都是上一个字节加 1。需要注意的是，这里的加法是无符号整数加法，即序号为 $2^{32}-1$ 的字节的下一个字节的序号为 0。TCP 包的 seq 域携带的是本数据包中第一个字节的序号。对于接收端而言，数据接收方在收到 TCP 包时需要发送确认包。TCP 数据的接收者需要维护一个状态值，即下一个有序字节的序列号。这个值的语义是：直到这个序号（不包括其本身）为止的所有数据都已经被成功接收，图3.1给出了一个例子。TCP 在发送确认信息时，其 ack 位需要置 1，且 ack_seq 域需要携带这一数值。

图 3.1   已完全接收的数据序号

接下来，将 TCP 控制位纳入考量。这里讨论三种控制位，即握手（syn）、挥手（fin）及确认（ack）。握手信息与挥手信息需要接收端确认收到，而 TCP 序号机制中已经提供了确认收到某个序号范围中所有数据的能力。TCP 协议通过为握手包与挥手包分配序号的方法将确认收到数据与确认收到控制信息整合为统一的操作。握手信息的序号为初始序号值，而挥手信息的序号为用户发送的最后一个字节的序号加 1，这两种控制位都在序号空间中占用 1 字节。在具体实现中，syn 位置 1 代表当前 TCP 包携带了握手信息，fin 位置 1 则代表当前 TCP 包携带了挥手信息。与之相反，确认信息不需要对方确认收到，故不需要占用序号空间。

了解 TCP 的序号机制之后，我们将可以实现 TCP 数据包的发送及响应。在这里我们通过一些规则（而不是穷举每种可能发生的情况）介绍这一功能的实现方式：

- 只有在 TCP 连接建立成功后，才可以发送用户数据和挥手信息。
- 在发起连接者发送第一个握手包之后，所有 TCP 包都可以携带确认信息。
- 除了发起连接者发送的第一个握手包之外，每个 TCP 包都应当携带确认信息。
- 可以发送仅仅携带了确认信息，不占用序号空间的 TCP 包。
- 在确认发起连接者发送的握手包时，应当携带本机的握手信息。
- 握手包不能携带用户数据；挥手包可以携带用户数据。

- 在收到占用序号空间的包时，接收者应当主动发送确认信息，不论这个包是否能够扩大接收者已完全接收的序号范围，也不论当前是否有占用序号空间的数据或控制信息需要发送。

至此为止，实现了 TCP 数据包的发送及响应。需要注意的是，我们虽然会按照 TCP 标准生成并发送数据包，但不能假设收到的包的格式与内容遵循标准，并且 TCP 协议栈必须在收到预期之外的包时能够正常运行。在3.2.4节中将讨论 TCP 的异常处理逻辑，并利用这一功能对不符合协议标准的特殊情况进行处理。

检测状态转换条件

TCP 的状态转换可以通过用户操作、收发数据包、计时器超时 3 种方式触发。由用户操作（但不涉及数据包收发）的状态转换只有一种，即从 CLOSED 到 LISTEN 的状态转换，这一操作在用户请求监听 TCP 端口时发起。由计时器超时触发的操作也只有一种，即从 TIME_WAIT 到 CLOSED 的状态转换。在这里，我们重点关注通过收发数据包触发的状态转换。

> **旁注 3.1** 虽然 TCP 标准仅仅定义了一种通过计时器超时进行的状态转换，即从 TIME_WAIT 到 CLOSED 的转换，但实际的 TCP 协议实现中一般需要通过计时器超时进行从任何状态到 CLOSED 的转换。这是因为维护 TCP 连接需要消耗计算与存储资源，若一个 TCP 连接长期处于不收发数据的状态，则系统需要销毁这一连接并释放其中的资源。

在之前的介绍中，我们已经提到，TCP 状态机的功能是维护 TCP 连接的生命周期，即处理连接的建立和关闭。实际上，在不出现异常（即不收发重设包）的情况下，可以通过确定 8 个易于检测的隐状态确定 TCP 的状态。这些隐状态分别是：①本机的握手包是否已发出；②本机握手包是否已被对方确认；③本机的挥手包是否已发出；④本机的挥手包是否已被对方确认；⑤是否已收到对方的握手包；⑥是否已发送对对方握手包的确认；⑦本机的挥手包是否已发出；⑧本机的挥手包是否已被对方确认。这些隐状态都只有两种取值，若将"是"定义为 1，"否"定义为 0，则可以用一个 8 位二进制数表示每种隐状态组合（1～8 号隐状态分别对应该二进制数的最高位至最低位）。接下来的工作是确定隐状态组合与 TCP 状态的对应关系。表3.1列出了部分 TCP 状态对应的典型隐状态组合值。我们将隐状态与 TCP 状态的完整对应关系的实现留给读者。

表 3.1 部分 TCP 状态对应的典型隐状态组合值

TCP 状态	隐状态组合值
LISTEN	0b00000000
SYN-SENT	0b10000000
ESTAB	0b11110000
CLOSING、LAST_ACK	0b11111110

到此为止，我们通过用隐状态表示 TCP 状态的方法在不出现异常的情况下完成了对 TCP 状态转换的检测。我们将在3.2.4节中讨论 TCP 的异常控制，即重设包相关内容。TCP 状态转换主要由以下函数实现：

```
void SocketSession::onSegmentArrival(std::unique_ptr<Segment> segment)
```

- 该函数根据收到的 TCP 包的信息执行相应的状态转换。
- 函数实现应该遵循 RFC793 章节 3.9 的建议。

提示 3.2

- 并非每种隐状态组合都对应一种 TCP 状态，如不可能出现已收到对方的挥手包，但本机尚未发出握手包的情况。
- 并非每种 TCP 状态都只对应一种隐状态组合。
- CLOSING 和 LAST_ACK 状态对应的隐状态组合是相同的。这两种状态唯一的区别在于在收到对方对本机挥手包的确认之后是否应该在一定时间内继续保留 TCP 控制块。在实际的实现中可以根据转换前的状态种类区分这两种状态，一般情况下也可以将 LAST_ACK 状态等价为 CLOSING 状态。
- TCP 头部中与 TCP 状态转换相关的域有 seq、ack_seq、fin、syn、rst、ack。

3.2.3　滑动窗口

在 3.2.2 节中，我们已经了解了 TCP 序号机制的相关知识。细心的读者可能已经发现了其中存在的两个问题：其一，TCP 序号的运算是 32 位无符号数的运算，在字节流中位置相差 2^{32} 的两个字节会拥有相同的序列号，即序列号不能唯一标识数据；其二，真实运行的操作系统中会同时开启许多个 TCP 连接。TCP 序号空间的大小为 4GB，但不能为每个 TCP 连接预留 4GB 的内存空间用于按序重排数据。在这一部分中，我们将继续在不出现异常的情况下，通过实现滑动窗口对 TCP 序号机制进行增补，使之在实际环境中可用。

"滑动窗口"一词指序号空间内的一个连续的、可以伸缩与移动的范围。如图3.2所示，在 TCP 发送端存在两个状态变量，即未被确认的序号下限（发送窗口的左边沿）与发送窗口的长度。这二者所确定的序号范围即被称为 TCP 发送窗口，是 TCP 当前正在传输的数据序号的范围。同样地，在 TCP 的接收端也存在 TCP 接收窗口。这一窗口的对应序号范围则是由未收到序号的下限与接收窗口长度两个参数决定的，而 TCP 接收端只保证能够接收序号位于该窗口内的数据。对于上述问题一，TCP 协议规定滑动窗口的大小不能超过序号空间的一半，即 2^{31} 字节。在这种情况下，任何在字节流中位置相差 2^{32} 的两个字节不会同时被 TCP 协议处理，从而规避了序列号不能唯一标识数据的问题；对于上述问题二，操作系统可以通过主动控制滑动窗口的大小来限制每个

TCP 连接消耗内存的总量。在 TCP 头部中也存在与滑动窗口相关的域，即 `ack_seq` 与 `window`。`ack_seq` 的值正是 TCP 接收端未收到序号的下限，而 `window` 的值是 TCP 接收窗口的长度。通过发送这两个值，可以让 TCP 的发送端确定当前接收端的接收窗口。这样做的目的是，由于 TCP 接收端只保证能够接收序号位于接收窗口内的数据，告知发送端接收窗口相关信息可以避免发送端发送位于接收窗口外（从而可能不能被接收端处理）的数据，造成带宽浪费。

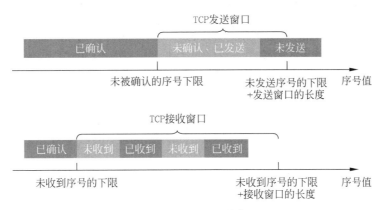

图 3.2　TCP 滑动窗口

TCP 滑动窗口机制在协议层面的规范有以下几条：

- 每个 TCP 包都应当携带有效的 `window` 域。
- TCP 接收端一般情况下不应该主动减小 TCP 接收窗口的大小以避免带宽浪费，但 TCP 发送端必须在接收端减小 TCP 发送窗口大小时正确工作。
- TCP 发送窗口的上限不应超过 TCP 接收窗口的上限。
- 若接收窗口大小为 0，则 TCP 发送端应该定期向接收端发送数据以避免死锁（不论数据序号是否在发送窗口内）；TCP 接收端在窗口为 0 时，需要在收到数据包时发送确认包，从而将最新的窗口信息告知发送端。

如上所述的规范保证了滑动窗口机制在实际运行中的正确性。但需要注意的是，TCP 协议并未对调整 TCP 滑动窗口大小的机制做出严格的规定。在后续的实验中，我们将看到，TCP 滑动窗口机制是 TCP 性能调优的基础，其灵活的协议规范也为 TCP 的性能调优提供了极大的便利性。

3.2.4　异常处理：丢包重传与连接重置

丢包重传

TCP 的丢包重传机制使得它能够在不可靠的通信信道上保证数据的可靠有序传输。丢包重传机制的核心思想十分简单：当发送方在发送数据包后一段时间（这段时间被称为 Retransmisson Timeout, RTO）内没有收到相应的 ACK 包时，它便假定该数据包没有被对方收到，并重新发送。基于这种思想，主流的重新发送机制有以下两种：

- 回退 N 步（Go-Back-N, GBN）：发送方可允许滑动窗口内存在最多 N 个已经发送但尚未被确认收到的包，如图3.3所示，GBN 只在最左边尚未被确认的包处设置时钟，当其等待确认时间超过 RTO 时，发送方将"回退 N 步"，将这 N 个包全部重新发送，并重置计时器。这种方法会带来一些不必要的重传，但实现简单，HomeStack 将采用这种方式。

- 选择重传（Selective-Repeat, SR）：发送方对于发送的每个数据包都设置一个时钟，每个包等待确认时间超过 RTO 时都会发起重传并重置时钟。这种方法效率更高，但需要维护更多时钟，实现更为复杂。

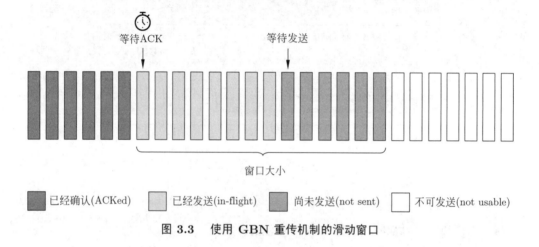

图 3.3   使用 GBN 重传机制的滑动窗口

在 RTO 的选择上，RFC6298 [3] 规定 TCP 使用当前网络的 RTT 来决定 RTO 的值。然而根据 ACK 包测得的 RTT 值会随着网络环境波动，因此 TCP 采用一种"指数移动平均"（Exponentially Weighted Moving Average，EWMA）的方法来从每次测得的 RTT 计算出一个较为平滑变化的 SRTT（Smoothed Round-Trip Time）：

$$SRTT = \alpha SRTT + (1 - \alpha)RTT \tag{3.1}$$

同时为了包含 RTT 的变化信息，TCP 会记录一个平滑后的方差值，即 RTTVAR（Round-Trip Time Variation）：

$$RTTVAR = \beta RTTVAR + (1 - \beta)|SRTT - RTT| \tag{3.2}$$

有了以上信息，TCP 设置 RTO 的值接近 RTT 的值，并允许一些随机波动：

$$RTO = SRTT + 4 \times RTTVAR \tag{3.3}$$

> **旁注 3.2**   本书提供的参考代码实现了回退 N 步算法，并采用了固定的时长为一秒的 RTO。有兴趣的读者可以实现选择重传算法和动态 RTO 值。

连接重置

TCP 通过连接重置机制来处理所有连接过程中的异常行为。异常行为将导致发现异常的一端发送 RST 包。常见的触发 RST 的行为有：

- 向未监听的端口发送连接请求。
- 向已关闭的 socket 发送请求或数据。
- 在连接未建立的状态（LISTEN、SYN-SENT、SYN-RECEIVED）下收到不应出现的 ACK。
- 连接被防火墙或其他第三方拦截。

当连接的一端发现以上现象时，它将向对端发送一个 RST 包（通过将包头的 RST 位设为 1），然后关闭连接（回到 CLOSED 状态）并释放相关资源。收到 RST 包的一方的行为取决于它当前的状态：

- 如果它处于 LISTEN 状态，忽略该 RST 包。
- 如果它是服务端且处于半开连接状态（SYN-RECEIVED），返回 LISTEN 状态。
- 如果它处于其他任何状态，关闭连接（回到 CLOSED 状态）并释放相关资源。

根据 RFC793 章节 3.9 的实现建议，RST 包的发送和对 RST 包的处理应该被融合在3.2.2节所实现的状态机中，请读者回到 `SocketSession::onSegmentArrival` 函数检查自己是否正确处理了 RST 包。

> **提示 3.3**
>
> - 在已经建立连接（ESTABLISHED）并传输数据的过程中，乱序数据包或 ACK 包由重传机制处理，不应该触发 RST。
> - RFC 793 章节 3.4 对于 RST 行为给出了一些示例，可以作为标准参考。

3.2.5　Socket 接口

现在我们已经实现了从链路层到传输层的基础功能，这些功能通常被抽象为一系列支持和服务被提供给应用层，而这种抽象就是接口（Interface）。电气与电子工程师协会（IEEE）定义了一套可移植操作系统接口（POSIX）作为传输层和应用层之间的桥梁并被大多现代操作系统所使用。本节中我们将遵循简化后的 POSIX.1-2017 [4] 标准实现一些重要接口。

POSIX 接口函数

```
int socket(int domain, int type, int protocol)
```

- 该函数返回一个文件描述符作为网络 socket，此时该 socket 没有读写能力。
- 发生错误时，返回 -1，并将 errno 设为 ENFILE。
- 本实验中调用 fd = socket(AF_INET, SOCK_STREAM, 0); 应当返回一个基于 IPv4 的 TCP 连接端点。

- 函数内部需要实现文件描述符分配，为避免与系统分配的文件描述符冲突，分配的描述符最好从 1024 开始。

```
int connect(int socket, const struct sockaddr *address, socklen_t len)
```

- 该函数尝试与地址为 address 的服务器建立连接，其应该一直阻塞直到连接成功或发生错误。
- 连接成功则返回 0，否则返回 -1 并将 errno 设为 ETIMEDOUT。
- struct sockaddr 存储服务器 socket 地址，在本实验中它应该是一个因特网地址（即 struct sockaddr_in）。

代码 3.1

```
/* Generic socket address structure */
struct sockaddr
{
    short sa_family;     /* Protocol Family */
    char sa_data[14];    /* Address Data */
}

/* IP socket address structure */
struct sockaddr_in
{
    /* Address family, always AF_INET */
    short sin_family;
    /* Port number in network byte order */
    unsigned short sin_port;
    /* IP address in network byte order */
    struct in_addr sin_addr;
    /* Pad to sizeof(struct sockaddr) */
    unsigned char sin_zero[8];
};
```

调用 connect 时，应将设置好的 sockaddr_in 地址强制类型转换为 sockaddr。

```
int bind(int socket, const struct sockaddr *address, socklen_t len)
```

- 该函数将一个地址 address 与一个 socket 绑定起来，方便后续的 listen 调用。
- 绑定成功则返回 0，否则返回 -1 并将 errno 设为 EINVAL。

```
int listen(int socket, int backlog)
```

- 该函数将一个已经绑定了地址的 socket 转换为监听状态，使其不会主动发起连接请求，只接受其他连接请求。
- backlog 为到达的请求队列的长度，本实验不需要实现请求队列，可以忽略。
- 绑定成功则返回 0，否则返回 -1 并将 errno 设为 EDESTADDRREQ。

```
int accept(int socket, struct sockaddr *address, socklen_t len)
```

- 该函数接收一个处于监听状态的 socket 并阻塞，等待接受来自客户端的连接请求。连接建立成功后返回一个新的 socket 文件描述符供读写，并将用户地址存储在 address 中。
- 连接成功则返回建立连接的 socket 文件描述符，否则返回 -1 并将 errno 设为 EINVAL。

`ssize_t read(int fd, void *buf, size_t nbyte)`

- 从 socket 文件描述符中读取数据，与标准 IO 行为相同。
- 当 socket 不是由 socket 函数分配时，调用标准库函数处理。

`ssize_t write(int fd, const void *buf, size_t nbyte)`

- 向 socket 文件描述符中写入数据，与标准 IO 行为相同。
- 当 socket 不是由 socket 函数分配时，调用标准库函数处理。

`int close(int socket)`

- 关闭 TCP 连接，阻塞直到双方四次挥手完成。
- 关闭成功则返回 0，否则返回 -1 并将 errno 设为 EINTR。
- 当 socket 不是由 socket 函数分配时，调用标准库函数处理。

我们用 client.c 和 server.c 这一简单例子来说明 TCP 的 POSIX 接口的使用方式：如图 3.4所示，客户端和服务端分别需要使用 socket 来创建一个 socket；服务端使用 bind 和 listen 来将创建的 socket 设置为监听端口，监听可能出现的连接请求；客户端通过 connect 发送连接请求，服务端使用 accept 接受此请求并建立 TCP 连接；此后双方通过 write 和 read 交换数据；客户端使用 close 终止 TCP 连接，服务端在连接断开后回到监听状态，并准备接受其他连接请求。

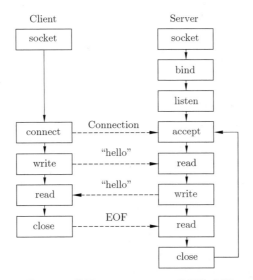

图 3.4 基于 TCP socket 的网络应用

库函数劫持

为了让类似 `client.c` 和 `server.c` 这样的程序能够不修改自身而直接使用 HomeStack，需要"劫持"这些应用程序对标准库函数的调用，使得它们调用我们自己实现的 POSIX 接口。这种"劫持"可以在编译时、静态链接时或动态链接时发生。这里重点介绍并采用的是静态链接劫持技术，动态链接劫持技术在旁注 3.3 中介绍。

GNU 链接器 `ld` [5] 支持在静态链接时使用 `--wrap func` 标志。这个标志会使链接器将对符号 `func` 的引用解析为 `__wrap_func` 并将对符号 `__real_func` 的引用解析为 `func`。通过这种手段，我们将自己实现的 POSIX 接口带上 `__wrap_` 前缀后编译为目标文件（.o），并与应用程序的目标文件一起链接，这样应用程序中对标准库 POSIX 接口的调用就会被我们自己实现的接口所替代。例如，在 `socket.c` 中实现了 `__wrap_socket` 函数，可以用如下编译指令来让 `client.c` 程序调用它：

代码 3.2

```
$ gcc -c socket.c
$ gcc -c client.c
$ gcc -Wl,--wrap=socket -o client client.o socket.o
```

旁注 3.3（动态链接劫持技术）　在静态链接阶段劫持库函数需要获得应用程序的目标文件，而利用动态链接器的环境变量设置，可以实现在应用程序运行时劫持库函数，且仅仅需要获得应用程序的可执行文件。

首先将我们自己定义的库函数编译为共享库（.so），然后设置 LD_PRELOAD 环境变量为该共享库路径，这样在程序运行过程中，当需要解析未定义的引用时，动态链接器会先搜寻我们自己编译的共享库，再搜寻其他的库。之后运行 client，会调用我们自己定义的 POSIX 接口：

```
$ gcc -shared -fpic -o socket.so socket.c -ldl
$ gcc -o client client.c
$ LD_PRELOAD="./socket.so" ./client
```

3.2.6　扩展练习：流量控制

目前为止，我们自己实现的 HomeStack 已经可以和实现了 TCP 协议的主机进行通信了。我们采用滑动窗口，实现了数据的有序传输。在滑动窗口的实现中，如果发送端发送了接收端的接收窗口（receive window, rwnd）以外的数据，接收端将因为无法处理这段数据而直接丢弃，造成带宽的浪费。在实际应用中，接收端会根据自身的处理能力来设置接收窗口的大小。

在本次实验中，我们将实现流量控制。在接收端，需要将每个 TCP 包数据头的 `window` 域设置为接收窗口的大小，窗口大小为接收端可用的缓冲区大小减去已确认但未被应用程序读取的数据量。简便起见，可用的缓冲区大小可以设置为一个常量。

感兴趣的读者可以实现 POSIX 接口函数中的 `setsockopt` 函数，允许应用程序通过 `SO_RCVBUF` 选项改变这个值。在发送端，需要让发送的数据大小不超过接收窗口大小，具体实现将在 3.2.7 节讨论。

3.2.7 扩展练习：拥塞控制

我们通过滑动窗口和流量控制，保证了字节流的可靠传输，但是，当多个 TCP 连接同时进行传输时，数据包的数量可能会超网络节点或链路所能承载的最大容量，导致所有连接的服务质量下降，即发生了"网络拥塞"。拥塞控制算法主要依赖拥塞窗口（congestion window，cwnd）来控制数据包发送的速率，结合前面提到的接收窗口（rwnd），我们将设置滑动窗口的大小为 cwnd 和 rwnd 中的较小值。

在本次实验中，我们将实现 Reno 拥塞控制算法 [6] 来解决网络拥塞的问题。Reno 算法主要由"慢启动"和"拥塞避免"两个状态组成。

慢启动发生在 TCP 连接建立的初期，以及发生丢包后重新开始发送数据的时期。为了防止发送的大量数据耗尽网络中的缓存空间，Reno 拥塞控制算法进入"慢启动"状态，根据网络情况，逐步增加每次发送的数据量。具体实现并不复杂：在进入慢启动状态时，将 cwnd 设为 1；每当收到一个新的 ack，将 cwnd 的值增加 1。如此，每经过一个 RTT，cwnd 的值将翻倍。如果可用的带宽为 W，只需要 $RTT \times \log_2 W$ 的时间 cwnd 就能增长到 W。因此"慢启动"并不慢，从它的另外一个名字"指数增长期"也可以看出这点。最后，当 cwnd 超过一个慢启动门限（slow start threshold, ssthresh）后，慢启动过程结束。慢启动门限通常被设置为丢包发生时拥塞窗口的一半。

慢启动结束后进入"拥塞避免"的状态。Reno 拥塞控制算法遵循"加法增大，乘法减小"（Additive Increase / Multiplicative Decrease, AIMD）的原则，这个原则在理论上可以保证在拥塞发生时，每个连接是稳定并且带宽公平地被使用 [7]。具体做法是，当发生丢包时，将 cwnd 减半；当收到 ack 时，将 cwnd 增加 1 / cwnd。这里要加以说明的是，在没有拥塞的情况下，每个 RTT 会收到 cwnd 个 ack，所以每经过一个 RTT，cwnd 会增加 1。

这里提供一个用于参考的实现框架，读者可在此基础上实现拥塞控制算法。在该框架中，用数据结构 `ca_state` 保存需要用到的状态；同时，为了更好的扩展性，将拥塞控制算法的具体实现抽象为接口 `struct congestion_ops`。

```
/* congestion control state */
struct ca_state {
  /* smoothed round trip time in usecs */
  long srtt_us;
  /* congestion window size */
  long snd_cwnd;
  /* slow start threshold */
  long ssthresh;

  struct congestion_ops ca_ops;
```

```
};

/* congestion control operations */
struct congestion_ops {
  /* initialize private data */
  void (*init)(struct ca_state *ca);
  /* cleanup private data */
  void (*release)(struct ca_state *ca);

  /* calculate the new slow start threshold on loss event */
  long (*ssthresh)(struct ca_state *ca);
  /* do new cwnd calculation */
  void (*cong_avoid)(struct ca_state *ca, long acked);
};
```

参 考 文 献

[1] RFC793. https://datatracker.ietf.org/doc/html/rfc793.

[2] RFC2136. https://datatracker.ietf.org/doc/html/rfc2136.

[3] RFC6298. https://datatracker.ietf.org/doc/html/rfc6298.html.

[4] POSIX.1-2017. https://pubs.opengroup.org/onlinepubs/9699919799/.

[5] Linux ld. https://man7.org/linux/man-pages/man1/ld.1.html.

[6] JACOBSON V, LABORATORY L B, KARELS M J. Congestion avoidance and control[J]. ACM SIGCOMM Computer Communication review, 1988, 18(4): 314-329.

[7] CHIU D M, JAIN R. Analysis of the increase and decrease algorithms for congestion avoidance in computer networks[J]. Computer Networks and ISDN systems, 1989, 17(1): 1-14.

第 4 章

应用层：SFTP

经过前三章的练习，我们已经从零开始搭建了一整个 TCP/IP 协议栈。本章中我们将使用第 3 章中传输层提供的 POSIX 接口来实现网络应用程序：一个简易的 SFTP 客户端。

安全文件传输协议（Secure File Transfer Protocol, SFTP）是安全终端协议（Secure Shell, SSH）的一个子系统，用于网络主机之间安全地传输文件。相比于简单的文件传输协议（File Transfer Protocol, FTP），安全文件传输协议的优势在于：

- 提供安全的文件传输，对服务器和客户端进行身份验证并保证数据不被窃听和篡改。
- 控制信息和数据信息均在一个 TCP 连接中传输，不需要占用两个服务器端口。

我们最终要实现的 SFTP 客户端程序能够与一个运行 SSH 服务进程的服务器建立连接，并上传和下载文件。

代码 4.1（客户端程序 `client`）

```
name@host$ ./client username@hostname
Password: xxxxxxx
Connected to hostname
sftp> put
Enter filename: client.c
client.c uploaded to the remote home directory
sftp> get
Enter filename: /home/username/client.c
client.c downloaded to the current working directory
sftp> bye
Disconnect
name@host$
```

虽然代码 4.1 所示的交互过程看起来很简单，但其背后的操作过程却很复杂：首先客户端需要调用 POSIX 接口与服务器 `hostname` 的 SSH 端口（通常为 22）建立 TCP 连接；然后客户端需要先进行 SSH 握手以建立 SSH 连接，这包含了版本交换（Version Exchange）、加密算法协商（Cipher Algorithm Negotiation）、服务端验证（Server Authentication）、密钥交换（Key Exchange）、发送服务请求（Service Request）、客户端验证（Client Authentication）这一系列过程；接着客户端在 SSH 连接的基础上打开一个虚拟的通道（channel）并发送 SFTP 子系统服务请求，并开始传输数据；最后客户端借助 SFTP 定义的传输格式来上传和下载文件。当客户断开连接时，以上一切连接都随之断开，如图4.1所示，RFC4251 [1] 标准将以上步骤划分为四层，我们将在本章自底向上逐步实现这些步骤。

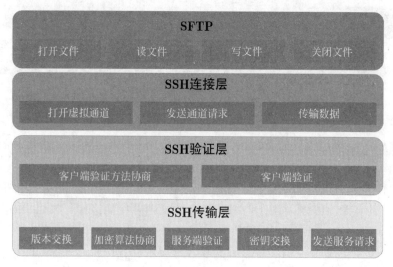

图 4.1   SFTP 架构

4.1　实验目的

1. 调用 POSIX 接口编写网络应用。
2. 理解和应用对称加密、非对称加密、消息验证码、密钥交换等基本网络安全手段。

4.2　实验内容

SSH 连接由客户端发起，客户端与服务端的 SSH 端口（通常为 22）建立 TCP 连接后，双方运行 SSH 传输层协议。

4.2.1　SSH 传输层

SSH 传输层由 RFC4253 [2] 定义，它是 SSH 传输层保证数据传输安全的基础。在下层协议（如 TCP）保证数据流可靠传输的基础上，SSH 传输层为客户端和服务端提供了：

- 机密性（Confidentiality）：双方互相发送的数据被加密。
- 完整性（Integrity）：双方可以检测收到的数据是否被篡改。
- 服务端身份验证（Server Authentication）：客户端可以验证服务端的身份是否真实。
- （可选）数据压缩（Compression）：双方可压缩发送的数据以节省带宽。

版本交换

首先，客户端与服务端互相发送并存储对方的标识字符串（Identification String），即运行的 SSH 软件版本信息。该字符串必须依照以下格式：

```
SSH-protoversion-softwareversion<SP>comments<CR><LF>
```

其中，comments 为可选的备注，如服务端的标识字符串可能为

```
SSH-2.0-OpenSSH_7.6p1<SP>Ubuntu-4ubuntu0.3<CR><LF>
```

使用如下函数来完成版本交换的工作：

```
int send_id_str(ssh_session session)
```

- 该函数向对端发送自己的标识字符串。

```
int receive_id_str(ssh_session session)
```

- 该函数接收对方的标识字符串。

> **提示 4.1**
> - 服务端在发送标识字符串前可能会发送一些不以"SSH-"开头、以回车换行结尾的信息，在接收标识字符串时需要考虑到这些信息的存在。
> - 双方的标识字符串都需要被存储，以便后续密钥交换时使用。
> - 存储标识字符串时需要去掉其中的回车换行。

加密算法协商

SSH 协议保证数据安全的核心是通过一些密码学算法操作原始的数据，因此在建立一次 SSH 连接时，客户端和服务端需要协商和确定一套双方均支持的加密套件（cipher suit），包括密钥交换算法、服务端密钥算法、数据加密算法、消息验证算法、压缩算法。首先双方将自己支持的所有算法按照偏好优先级排序后作为清单发送给对方，此后双方都拥有两份清单，便可以按照优先级确定第一套双方都支持的算法，自此双方便使用该套算法来保证连接的安全性。

按照 RFC4253 章节 7.1 的要求，密码学算法清单需要包含以下信息：

代码 4.2

```
byte         SSH_MSG_KEXINIT (20)
byte[16]     cookie (random bytes)
name-list    kex_algorithms
name-list    server_host_key_algorithms
name-list    encryption_algorithms_client_to_server
name-list    encryption_algorithms_server_to_client
name-list    mac_algorithms_client_to_server
name-list    mac_algorithms_server_to_client
```

```
name-list      compression_algorithms_client_to_server
name-list      compression_algorithms_server_to_client
name-list      languages_client_to_server
name-list      languages_server_to_client
boolean        first_kex_packet_follows
uint32         0 (reserved for future extension)
```

简单起见，SFTP 客户端只需要在密钥交换算法、服务端密钥算法、数据加密算法、消息验证算法、压缩算法中各选一种组成一套加密套件，并只支持这一套算法即可：

代码 4.3

```
byte           SSH_MSG_KEXINIT (20)
byte[16]       cookie (random bytes)
name-list      "diffie-hellman-group14-sha256"
name-list      "ssh-rsa"
name-list      "aes-256-ctr"
name-list      "aes-256-ctr"
name-list      "hmac-sha1"
name-list      "hmac-sha1"
name-list      "none"
name-list      "none"
name-list      ""
name-list      ""
boolean        0
uint32         0
```

使用如下函数来完成加密算法协商工作：

`int ssh_send_kex(ssh_session session)`

- 该函数向对端发送自己所有支持的密码学算法清单。

`int ssh_receive_kex(ssh_session session)`

- 该函数接收对方的密码学算法清单。

`int ssh_select_kex(ssh_session session)`

- 该函数根据两份密码学算法清单来确定一套双方均支持的加密套件，并将其设为该 SSH 连接的加密套件。

提示 4.2

- 双方的密码学算法清单都需要被存储，以便后续密钥交换时使用。
- 在加密算法协商过程中，服务端可能会猜测一个密钥交换算法并将 first_kex_packet_follows 设为 1，其会按照猜测的算法紧跟着发送下一个包。实现客户端需要能够处理这种情况。

服务端验证与密钥交换

根据柯克霍夫原则（Kerckhoffs' Principle）[3]，加密系统的安全性并不来自加密算法本身的机密性，而是来自密钥的机密性。因此在确定了加密套件后，双方需要确定一套密钥来使得算法工作起来。我们选用的 Diffie-Hellman-Group14-SHA256 [4] 密钥交换算法是一种非常巧妙的算法：双方可以在彼此交换一些信息后各自独立地计算出一个相同的密钥，而该密钥不需要在信道中被传输。

- 客户端生成一个随机数 x（$1 < x < q$），然后计算出 $e = g^x \bmod p$（g、p 是算法选定的常数）发送给服务端。

- 服务端生成一个随机数 y（$0 < y < q$），然后计算出 $f = g^y \bmod p$，$K = e^y \bmod p$。计算 $H = $ SHA256（客户端标识 $\|$ 服务端标识 $\|$ 客户端清单 $\|$ 服务端清单 $\|$ 服务端公钥 $\|e\|f\|K$）并使用私钥对 H 签名生成 s。将服务端公钥、f、s 发送给客户端。

- 客户端使用收到的服务端公钥对服务端身份进行验证，计算 $K = f^x \bmod p$，然后用相同的办法计算出 H，并用签名 s 验证 H。

自此，双方都在不直接发送密钥的条件下拥有了相同的密钥 K、H。用这两个只有双方知道的值生成加密套件中所有算法的密钥，包括客户端到服务端加密初始向量（C2SIV）、服务端到客户端加密初始向量（S2CIV）、客户端到服务端加密密钥（C2SKey）、服务端到客户端加密密钥（S2CKey）、客户端到服务端消息验证密钥（C2SMacKey）、服务端到客户端消息验证密钥（S2CMacKey）：

- C2SIV $= $ SHA256$(K\|H\|'A'\|$sessionID$)$。
- S2CIV $= $ SHA256$(K\|H\|'B'\|$sessionID$)$。
- C2SKey $= $ SHA256$(K\|H\|'C'\|$sessionID$)$。
- S2CKey $= $ SHA256$(K\|H\|'D'\|$sessionID$)$。
- C2SMacKey $= $ SHA256$(K\|H\|'E'\|$sessionID$)$。
- S2CMacKey $= $ SHA256$(K\|H\|'F'\|$sessionID$)$。

其中，sessionID 是连接中第一次密钥交换时得到的 H 值。简单起见，我们的实现不需要支持重新密钥交换（Key Re-Exchange），因此 sessionID 可以直接被设为 H。使用如下函数来完成服务端验证和密钥交换的工作：

```
int ssh_dh_handshake(ssh_session session)
```

- 该函数实现 Diffie-Hellman 密钥交换并生成所有密钥。

> **提示 4.3** 可以使用 Wireshark 设置过滤选项 "tcp.port == 22" 抓取客户端和服务端之间的通信来调试程序。如果服务端也运行在当前主机上，则需要指定 Wireshark 监听 lo 设备。

自此，双方所确定的加密套件已经可以开始工作，从此刻起，双方所有通信均受到加密保护。具体来说，双方使用如下函数来彼此收发数据包：

```
int ssh_packet_send(ssh_session session)
```

- 该函数将发送缓冲区中一个 SSH 数据包加密后发送到对端。

```
int ssh_packet_receive(ssh_session session)
```

- 该函数读取接收缓冲区中一个对端发送的 SSH 数据包并解密。

发送服务请求

现在，SSH 传输层的主要功能已经完成，客户端需要发送一个服务请求使双方进入 SSH 验证层：

代码 4.4

```
byte      SSH_MSG_SERVICE_REQUEST
string    "ssh-userauth"
```

如果服务端接受请求，将回复：

代码 4.5

```
byte      SSH_MSG_SERVICE_ACCEPT
string    "ssh-userauth"
```

使用如下函数来完成发送服务请求的工作：

```
int ssh_request_auth(ssh_session session)
```

- 该函数发送验证客户端请求并等待服务端回复。

4.2.2 SSH 验证层

在建立 SSH 安全连接后，服务端需要验证客户端的身份，根据 RFC4252 [5] 和 RFC4256 [6] 的规定，目前可选的验证方法有：

- 公钥验证（publickey）。
- 密码验证（password）。
- 主机验证（hostbased）。
- 键盘交互验证（keyboard interactive）。
- 无验证（none）。

多数 SSH 服务端不允许无验证，我们将采取最简单也是最常见的密码验证方法：客户端发送用户名和密码，服务端验证密码后返回验证结果。

使用如下函数来完成客户端验证的工作：

```
int ssh_userauth_password(ssh_session session, const char *password);
```

- 该函数向服务端发送密码并等待回复。

- 密码正确时返回 SSH_OK；密码不正确时返回 SSH_AGAIN；发生错误时返回 SSH_ERR。

> **提示 4.4**
> - 使用密码验证时，密码看似被明文传输，但 SSH 传输层对其做了加密保护。
> - glibc 提供的 getpass 函数已经过时，可以使用 ssh_get_password 函数获取用户密码。用户在输入密码时，输入的字符不应该明文显示在终端中，使用 termios（man::termios(3)）来设置取消终端的 echo 属性，从而不显示用户输入。

4.2.3　SSH 连接层

现在，客户端与服务端都已经确认了对方的身份，且二者之间的可信会话也已经建立。根据 RFC4254[①] 的规定，SSH 连接层将一个 SSH 连接抽象为多个虚拟的"通道"（channel），每个通道可以提供不同种类的 SSH 服务（如远程终端、SFTP 子系统等）。本实验中只需要建立一个通道并请求 SFTP 子系统服务。

首先打开一个通道并在该通道上请求 SFTP 子系统服务，可使用如下函数完成这一过程：

```
int ssh_channel_open_session(ssh_channel channel)
```

- 该函数请求打开一个用于交互式会话的通道（包含交互终端、远程命令执行、子系统服务等）。
- 打开成功返回 SSH_OK，发生错误返回 SSH_ERR。

```
int ssh_channel_request_sftp(ssh_channel channel)
```

- 该函数在打开的通道上请求使用 SFTP 子系统服务。
- 请求成功返回 SSH_OK，发生错误返回 SSH_ERR。

此时便可以利用这个打开的通道进行数据的传输。具体来说，将完成文件操作的 SFTP 包作为 SSH 连接层的数据发送。使用如下函数实现这一数据收发功能：

```
int ssh_channel_write(ssh_channel channel, const void *data, uint32_t len)
```

- 该函数在打开的通道上将 data 中的 len 字节数据发送给对端。
- 请求成功返回 SSH_OK，发生错误返回 SSH_ERR。

```
int ssh_channel_read(ssh_channel channel, void *dest, uint32_t count)
```

---

① https://datatracker.ietf.org/doc/html/rfc4254.

- 该函数从打开的通道上读取 count 字节数据并存储在 dest 中。
- 读取成功返回 SSH_OK，发生错误返回 SSH_ERR。

> **提示 4.5** 根据 RFC4254 的规定，SSH 连接层数据传输需要实现流量控制：通道两端各自有一个窗口值来记录自己能够接收多少字节的数据。当一方希望接收更多数据时，其扩大自己的窗口值并向对端发送一个 SSH_MSG_CHANNEL_WINDOW_ADJUST 数据包来告知对端。数据传输会减小窗口值，当一方发现对端窗口值为零时，便不能向对端发送数据。我们实现的客户端需要积极向服务端告知窗口扩大的信息，并留意服务端的窗口变化。

4.2.4 SFTP 子系统

SFTP 作为 SSH 的一个子系统运行在 SSH 连接层之上，其通过一些 SFTP 标准[7]定义的包格式来操纵远程主机上的文件，包括文件的上传、下载、修改、删除等。所有 SFTP 包遵从以下格式：

代码 4.6

```
uint32           length
byte             type
byte[length - 1] data payload
```

这样的 SFTP 数据包将作为通道数据被 SSH 连接层传输。我们需要实现两个函数来对这种传输进行抽象，使得从 SFTP 子系统的角度看，它从通道中读、向通道中写 SFTP 包：

```
sftp_packet sftp_packet_read(sftp_session sftp)
```

- 该函数从建立了 SFTP 子系统服务的通道上读取一个 SFTP 包。
- 请求成功返回读取到的包，发生错误则返回 NULL。

```
int32_t sftp_packet_write(sftp_session sftp, uint8_t type, ssh_buffer payload)
```

- 该函数向建立了 SFTP 子系统服务的通道中写一个类型为 type 的 SFTP 包。
- 写成功返回写入通道的字节数，发生错误返回 SSH_ERR。

在完成了 SFTP 数据包的读写后，客户端和服务端之间首先需要进行协议版本交换，双方互相发送自己所支持的最低的 SFTP 版本（本实验中使用版本 3）。版本交换信息的格式如下：

代码 4.7

```
uint32 version (set to be 3)
<extension data>
```

利用如下函数实现这一过程：

```
int sftp_init(sftp_session sftp)
```

- 该函数进行 SFTP 版本交换，商定双方使用的协议版本。
- 协商成功返回 SSH_OK，发生错误则返回 SSH_ERR。

现在，终于可以读写远程主机上的文件了。SFTP 标准定义了一些具体的包格式来规定如何操纵文件，包括打开、读取、写入、关闭文件等。例如，请求打开文件 filename 的包格式如下：

代码 4.8

```
uint32      id
string      filename
uint32      pflags
ATTRS       attrs
```

其他详细的包格式请读者参阅文献 [7]。有了这些格式规范，利用下列和 POSIX 接口类似的函数实现文件操作：

```
sftp_file sftp_open(sftp_session sftp, const char* file, int accesstype,
mode_t mode)
```

- 该函数请求打开服务端上的一个文件。
- 打开成功返回一个 SFTP 文件句柄，发生错误则返回 NULL。

```
int32_t sftp_read(sftp_file file, void* buf, uint32_t count)
```

- 该函数从打开的文件句柄 file 中读取 count 字节数据并存入 buf 中。
- 读成功返回读取的字节数，发生错误则返回 SSH_ERR。

```
int32_t sftp_write(sftp_file file, const void *buf, uint32_t count)
```

- 该函数向打开的文件句柄 file 中写入 buf 中的 count 字节数据。
- 写成功返回写入的字节数，发生错误则返回 SSH_ERR。

```
int sftp_close(sftp_file file)
```

- 该函数关闭此前打开的文件句柄 file。
- 关闭成功返回 SSH_OK，发生错误则返回 SSH_ERR。

4.2.5　客户端程序

至此我们终于拥有了一个自己实现的 SFTP 客户端，它实现了 SFTP 协议栈的基本功能。将上述所有函数编译成一个动态链接库 libsftp。客户端程序 client.c 会调用 libsftp 中的函数来完成 SSH 传输层、验证层、连接层和 SFTP 子系统的功能。最终编译链接得到的客户端程序 client 便可以像代码 4.1 所示那样安全地上传和下载远程文件。

> **提示 4.6**
>
> - 如果没有可 SSH 登录的远程主机，可以使用本机作为远程主机进行连接。在 Ubuntu 系统中，使用 `sudo apt install openssh-server` 可以安装和自动启动 SSH 服务器，使用 `sudo systemctl status ssh` 可以验证 SSH 服务器是否正常启动。
> - 一些 SSH 服务端可能禁用特定的加密算法（如 ssh-rsa）或登录方式（如密码登录）从而导致 SSH 连接失败。可以通过修改服务器 SSH 配置文件 /etc/ssh/sshd_config 来启用这些选项。

练习 4.1

使用客户端程序 `client` 向远程服务器上传和下载文件 `client.c`（或其他任何文件），并回答以下问题：

1. 上传和下载后的文件分别位于远程和本地主机的什么位置？分别拥有什么权限（实际操作或阅读 `client.c` 均可得到答案）？

2. 使用 Wireshark 监听整个上传或下载过程，从何时起 TCP 数据包负载被加密，Wireshark 不能理解数据内容？

参 考 文 献

[1] RFC4251. https://datatracker.ietf.org/doc/html/rfc4251.

[2] RFC4253. https://datatracker.ietf.org/doc/html/rfc4253.

[3] KERCKHOFFS A. La cryptographie militaire[J]. Journal des Sciences Militaires, 1883, 9: 161-191.

[4] DIFFIE W, HELLMAN M. New directions in cryptography[J]. IEEE Transactions on Information Theory, 1976, 22(6): 644-654.

[5] RFC4252. https://datatracker.ietf.org/doc/html/rfc4252.

[6] RFC4256. https://datatracker.ietf.org/doc/html/rfc4256.

[7] SFTP standard. https://datatracker.ietf.org/doc/html/draft-ietf-secsh-filexfer-02.

第 二 部 分

高级计算机网络与现代网络技术

在本书的第二部分，我们将学习近年来在学术界与工业界都广受关注的若干新型网络技术。

首先，我们将学习并掌握基本的软件定义网络（Software Defined Network，SDN）技术。相对于传统网络，软件定义网络实现了控制平面与数据平面的分离，同时（至少在逻辑上）构建了一个集中的控制平面。用户可以在这个单一的控制平面上，实现对全网各个网元设备的监控、管理、编程。分离后的控制平面和数据平面之间，通过 OpenFlow 进行交互。当前，软件定义网络的主要实验平台是斯坦福大学开发的 MiniNet。我们将学习如何在 MiniNet 中构建一个模拟网络环境。

P4 是在 OpenFlow 的基础上对网络可编程性的进一步增强。P4 本身是一种数据面的高级编程语言。通过 P4 语言，可以为网络设备定义想要的报文处理功能，并修改对应的流表项。我们将介绍 P4 的基本语法，以及实现简单的交换机功能。

除了在网络交换机的数据面编程，网络端侧主机的开发编程近年来也越来越受到重视。传统的网络协议栈在处理数据报文时，存在内核态与用户态的切换以及多次的内存复制，软件性能已经无法跟上目前快速增长的网卡带宽。为此，Intel 公司推出了高性能的主机端数据面开发组件（Data Plane Development Kit, DPDK）。数据面开发组件应用程序运行在操作系统的用户空间，利用自身提供的数据面库进行收发包处理，绕过了 Linux 内核态协议栈，以提升报文处理效率。

在数据面开发组件的基础上，我们将学习如何构建完整的主机端用户态协议栈。我们将以 OmniStack 协议栈为基础，从数据流的角度添加修改协议栈中的模块，包括基础 UDP、入侵检测系统（Intrusion Detection System, IDS）以及一种可靠性增强的传输层协议。

最后，我们将学习网络测量技术。网络测量是近些年网络方向较火的一个领域，其主要目标是在网络硬件设备（如交换机）精确地统计网络流量，监测网络状态。但是，网络设备上的资源十分紧张。因此，想要以较低的空间开销精确统计网络内部的流量状况并非易事。人们由此将 Sketch 作为一种算法工具引入到网络测量中来。基于 Sketch 的算法作为一类近似算法，通常具有较低的空间开销、较快的更新速度，且在误差上有一定的理论保障，是目前网络测量领域研究的热点话题之一。我们将提供 OmniSketch 平台进行网络测量算法的部署开发。

在现代网络技术中，移动网络特别是移动互联网所取得的成功举世瞩目。我们将学习如何构建移动网络中的两种基础服务和一类移动应用。首先，我们将学习如何利用无线信号来提供移动设备"定位"服务，并搭建移动位置服务器。绝大多数的移动应用都具备位置服务，从而获得移动设备所在地理位置的经纬度等信息。移动设备上的 Wi-Fi、4G/5G、蓝牙等无线信号都可以用来进行定位，我们将介绍如何利用 Wi-Fi 信号进行简单的三点定位，以及如何可视化展示定位结果。

在了解了定位服务的基础上，我们将学习如何构建另一项移动网络的基础服务，即移动感知与导航。移动设备往往需要进行自主导航（手机导航、智能汽车的自动驾驶），不仅需要采集设备周围的传感信号，还需要重度依赖视觉信号。我们将介绍如何基于智能小车搭建一个融合传感信号与计算机视觉信号的多源感知与导航系统。其中，传感信号采集用到了运动传感器、红外传感器等，视觉信号采集用到了传统的摄像头以及二维码路标等，有助于帮助读者理解传感信号和视觉信号如何相互补充以构建感知与导航服务。

最后，我们将学习一类 5G 时代高速发展的移动应用，即移动短视频应用。人工智能技术的出现，为已有的视频产业注入了新的活力（如智能生成视频内容）。移动短视频应用的兴起，创造了巨大的展示曝光机会，并且产生了非常丰富的移动网络大数据，在商业和技术领域都产生了新的价值。我们将介绍移动短视频的智能化生成、平台发布、传播数据分析，这三个方面组成移动短视频应用的全流程操作，帮助读者迅速掌握移动短视频产业的入门方法。

第 5 章

可编程网络：SDN

5.1 实 验 目 的

在本章中，我们将掌握如下内容：

1. 理解 SDN（软件定义网络）的基本概念。

2. 了解 SDN 中的较为成熟的接口标准 OpenFlow。

3. 初步了解网络模拟器 MiniNet 的基本使用方式。

5.2 实验环境配置

本章使用 MiniNet 环境进行实验，首先介绍 MiniNet 的两种安装方式。

1. 通过 apt 安装：在 Linux 下可以直接通过 apt 来进行安装。

```
$ sudo apt-get install mininet
```

2. 手动安装：可以通过从 github 复制源码的方式进行安装。

```
# 复制源码：建议使用SSH方式进行复制
$ git clone https://github.com/mininet/mininet.git
# 进行安装
$ cd mininet
$ git tag
$ git checkout <release tag>
```

从 github 移动项目至本地的 mininet 目录后，再通过 mininet/util 目录下的脚本 install.sh 进行安装。

```
$ bash ~mininet/util/install.sh
```

这个脚本会自动安装 MiniNet 的依赖，如果只想安装 MiniNet、OpenFlow reference Switch 和 Open VSwitch（即 MiniNet 的最小依赖），可以在执行上面的脚本时添加命令行选项 -nvf。

5.3　实　验　背　景

5.3.1　SDN 介绍

SDN 是一种新型的网络架构。与传统的网络架构相比，SDN 具有网络开放可编程、控制平面与数据平面分离以及在逻辑上集中控制这三个比较突出的特征。SDN 被认为是网络领域的一场革命。

SDN 的网络开放可编程指的是 SDN 实际上建立起了新的网络抽象模型，为用户提供了一套完整而统一的 API，使用户可以在 SDN 控制器上进行编程，从而实现对网络的配置、控制与管理，从而使得网络开发呈现软件开发的特征，并大大加快网络业务的开发与部署。

SDN 最突出的特征在于控制平面与数据平面分离（解耦合）。在传统的网络架构中，交换机需要通过分布式算法来学习、计算转发表、路由表等信息，同时它们还需要完成转发、路由等数据平面的工作，这些硬件同时担任了控制平面以及数据平面的两重角色，控制平面与数据平面在事实上是紧耦合的。而在 SDN 网络的设想中，网络中的控制平面与数据平面之间不再相互依赖，因此二者可以独立完成体系结构的演进。控制平面与数据平面的分离也是 SDN 网络架构区别于传统网络架构的重要标志，正是得益于此，SDN 网络的强大编程能力才成为可能。

SDN 在逻辑上集中控制主要指的是对分布式网络状态进行集中管理。正如在网络课上所学习到的理论知识，在 SDN 网络架构中，控制器是整个 SDN 网络的"大脑"，控制器承担起收集并管理所有网络状态信息的重任，并完成转发表、路由表等状态的计算。逻辑集中控制为 SDN 网络架构提供了基础，也为网络的自动化管理提供了可能。

在 SDN 架构中，最早提出且最为成熟的 SDN 接口标准是 OpenFlow（由斯坦福大学提出），下面将会对 OpenFlow 进行简要介绍。

5.3.2　OpenFlow 介绍

OpenFlow 是 SDN 中得到高度认可和成功的 SDN 网络协议规范与标准，它已经成为匹配加动作转发抽象、控制器以及更一般的 SDN 革命的先驱。

OpenFlow 网络由 OpenFlow 交换机、FlowVisor 和控制器三部分组成。OpenFlow 交换机负责的是数据平面的功能，即负责进行数据转发；FlowVisor 负责进行网络的虚拟化；控制器负责控制平面的功能，即负责进行网络的逻辑上的集中控制。

OpenFlow 交换机是整个 OpenFlow 网络的核心组件。SDN 中的分组交换机是通过"匹配加动作"（Match-Action）范式来进行转发的。在 OpenFlow 中匹配-动作转发表被称为流表（Flow Table），它的每个表项包括首部字段的集合、计数器集合以及当分组匹配流表项时所采取的动作集合。通过这个流表，OpenFlow 交换机除了可以完成简单转发外，还可以完成负载均衡以及充当防火墙等复杂的功能 [1]。

FlowVisor 是 OpenFlow 协议上的网络虚拟化工具。它可以将物理网络划分为多个虚拟网络，并保证虚拟网络之间的相互隔离。FlowVisor 可以看作部署在 OpenFlow 交换机与控制器之间的一个中间层，对于 OpenFlow 交换机与控制器而言是透明的。需要注意的是，FlowVisor 可以使得网络管理员在不必修改 OpenFlow 交换机与路由器的配置的方式下，直接通过指定特定的流规则来手动进行网络管理，这与 OpenFlow 的交换机与路由器通过控制器的自动网络管理是不同的。

OpenFlow 控制器进行逻辑集中式的学习，这意味着 MAC 地址的学习需由控制器来实现，VLAN 和基本路由也需要通过控制器学习后下发给 OpenFlow 交换机。

相对传统网络而言，OpenFlow 开发（或者说 SDN 开发）对模拟器的依赖显得更加必要。一方面，为了避免浪费人力物力，大型网络架构的开发与部署本来就需要依靠 ns3 等模拟器来进行大量的模拟仿真，以充分地说明新架构进行大规模部署的可行性；另一方面，相对传统网络架构而言，SDN 还具有软件的特性——SDN 能像软件一样进行快速的迭代开发。根据软件工程的观点，在快速的软件迭代开发过程中不可避免地会引入来自软件开发层面的 bug。换言之，SDN 的开发相较于传统网络架构开发必然会更加频繁地引入来源于软件层面的 bug。因此，进行 SDN 开发的研究人员与开发者往往需要一个支持 SDN 的网络模拟器，以此来进行 SDN 开发时的快速模拟、验证、测试，以及对可能引入的 bug 进行稳定复现。

目前常用的支持 OpenFlow 的网络模拟器为斯坦福大学所开发的 MiniNet，下面将对 MiniNet 模拟器的使用方式进行简要介绍。

5.4 实验内容

这里对 MiniNet 的介绍基本来自文献 [2]。在正式开始介绍前，对各个命令执行进行如下假设：

- $ 提示符表明这是一条 Linux shell 上执行的命令行命令。
- mininet> 提示符表明此条命令应该在 MiniNet 的命令行界面上执行。
- # 提示符表明此命令应当在 Linux 的 root 权限下执行。

5.4.1 MiniNet 的基本使用方式

显示启动命令行参数选项

可以通过如下命令来查看 MiniNet 命令行的帮助信息。下面的命令将会显示 MiniNet 命令行中各个命令行参数的基本信息。

```
$ sudo mn -h
```

通过命令行与主机以及交换机进行交互

通过如下命令进入 MiniNet 的命令行界面，MiniNet 将会用默认的物理拓扑（两台虚拟主机与一台 OpenFlow 交换机相连）来进行初始化。在没有特别声明的情况下，将默认下文中 MiniNet 所使用的物理拓扑为默认的最小拓扑，MiniNet 中的两台虚拟主机名称分别为 h1 和 h2，虚拟交换机的名称为 s1。

```
$ sudo mn
```

测试主机之间的连通性

可以通过 ping 来测试主机 h1 与主机 h2 之间的连通性。

```
mininet> h1 ping -c 1 h2
```

如果需要测试 MiniNet 节点之间两两之间的连通性，可以直接使用 MiniNet 内建的 pingall 命令进行测试，这省去了两两之间互 ping 的麻烦。

```
mininet> pingall
```

在 MiniNet 中运行简单的 Web 程序

除了 ping 以外，MiniNet 上的虚拟主机也可以运行其他复杂程序。实际上，所有可以在物理机（或者虚拟机）上的 Linux 系统上运行的命令以及程序，都可以在 MiniNet 虚拟主机上运行。例如，可以在 MiniNet 命令行界面中输入任何 bash 命令，如 &、jobs、kill 等命令。

下面将以一个简单的 HTTP 程序为例：先在虚拟主机 h1 上运行一个简单的 HTTP 服务器，然后再从虚拟主机 h2 向虚拟主机 h1 发起一个 HTTP 请求，最后再关闭虚拟主机 h1 上的 Web 服务器。那么，在 MiniNet 中的命令行界面可以依次输入如下命令：

```
mininet> h1 python -m http.server 80 &
mininet> h2 wget -O - h1
...
mininet> h1 kill %python
```

最终通过 exit 命令退出 MiniNet 的命令行模式。

```
mininet> exit
```

清理 MiniNet 原有的程序

如果 MiniNet 因为某些未知的原因而崩溃了，可以通过如下命令来清理旧的 MiniNet 程序，以便重新启动。

```
$ sudo mn -c
```

5.4.2　进阶启动选项

进行回归测试

回归测试指的是在完成旧代码修改之后，重新进行测试，以此确认在修改中没有引入新的错误或者导致其他相关模块产生错误。

MiniNet 提供了如下方式来对代码进行回归测试，这可以免去进入 MiniNet 命令行模式的麻烦。

```
$ sudo mn --test pingpair
```

具体而言，这条命令通过命令行选项 --test 指定进行节点之间的两两 ping 测试。MiniNet 将会创建默认的"最小"拓扑，启动 OpenFlow 控制器，对虚拟网络中的节点之间的两两之间进行 ping 以测试连通性，最后再销毁创建的网络拓扑与控制器。

除了 ping 以外，还可以通过 iperf 来测试网络节点之间的带宽。

```
$ sudo mn --test iperf
```

上面的命令将会创建与之前相同的 MiniNet 网络，在其中的一台虚拟主机上运行 iperf 服务端程序，在另外一台虚拟主机上运行 iperf 客户端程序，并对可以达到的带宽进行解析。

变更网络拓扑参数与类型

MiniNet 最强大且最实用的功能之一便是将网络的物理拓扑参数化。

MiniNet 中的默认拓扑为一台虚拟交换机与两台虚拟主机相连。可以通过命令行选项 --topo 来将其变更为自定义的网络拓扑。例如，如果想要在一台虚拟交换机与三台虚拟主机的拓扑上进行节点之间的两两 ping 测试，可以通过如下命令指定拓扑，并运行回归测试

```
$ sudo mn --test pingall --topo single,3
```

另外一个使用 linear 拓扑（每一台交换机都与一台主机相连，同时所有的交换机以直线的方式相连）的例子如下：

```
$ sudo mn --test pingall --topo linear,4
```

链路参数变更

MiniNet 2.0 版本允许用户为各个链路设置延时带宽等参数，这些参数可以通过命令行参数来进行设置。

```
$ sudo mn --link tc,bw=10,delay=10ms
mininet> iperf
 ...
mininet> h1 ping -c1 h2
```

假如为每一个链路设置的延时为 10 ms，那么通过 ping 来测量两台主机之间的 RTT 应当为 40 ms，这是因为 ping 所对应的 ICMP 请求将会经过两跳（第一跳为主机 h1 到交换机 s1，第二跳为交换机 s1 到主机 h2）到达目的地，同时对应的 ICMP 响应从主机 h2 到达主机 h1 也需要两跳。

可以通过 MiniNet 的 Python 接口，来进行更细致的各个链路间带宽与时延等链路参数的设置，详情请见文献 [2]。

调整日志中信息的可见级别

MiniNet 支持日志的显示与打印，这可以帮助我们更好地进行 debug。MiniNet 中日志的默认显示级别为 info，在 info 级别下，只有在 MiniNet 的创建与销毁时才会进行相关信息的打印。

在 debug 时需要显示更多 MiniNet 运行的细节，可以通过命令行参数 -v 将可见级别调整为 debug。

```
$ sudo mn -v debug
...
mininet> exit
```

除了 debug 外，MiniNet 还有其他日志级别，如 warning。warning 用于回归测试，可以隐藏不必要的函数输出。

定制网络拓扑

可以通过 MiniNet 的 Python 接口来进行特定网络拓扑的定义。下面我们可以进入 mininet 文件夹下的 custom/topo-2sw-2host.py 进行参考。

代码 5.1（Custom topology with python API）

```
"""Custom topology example
Two directly connected switches plus a host for each switch:

   leftHost (h1) --- leftSwitch (s3) --- rightSwitch (s4) --- rightHost (h2)

Adding the 'topos' dict with a key/value pair to generate our newly

defined topology enables one to pass in '--topo=mytopo' from

the command line.
"""

from mininet.topo import Topo

class MyTopo( Topo ):
    "Simple topology example."

    def build( self ):
        "Create custom topo."
```

```
            # Add hosts and switches
            leftHost = self.addHost( 'h1' )
            rightHost = self.addHost( 'h2' )
            leftSwitch = self.addSwitch( 's3' )
            rightSwitch = self.addSwitch( 's4' )

            # Add links
            self.addLink( leftHost, leftSwitch )
            self.addLink( leftSwitch, rightSwitch )
            self.addLink( rightSwitch, rightHost )

    topos = { 'mytopo': ( lambda: MyTopo() ) }
```

这个示例提供的网络拓扑为两台交换机之间互相连接，且各个交换机各与一台主机相连。当 MiniNet 的定制化文件（这里就是上面的 python 文件）被提供后，可以进一步指定物理拓扑、交换机类型以及需要进行的回归测试。例如，下面的命令就是指定使用 custom/topo-2sw-2-host.py 中所定制的物理拓扑进行节点之间的两两 ping 测试。

```
$ sudo mn --custom ~/mininet/custom/topo-2sw-2host.py --topo mytopo --test pingall
```

指定主机的 MAC 地址

在默认情况下，MiniNet 中的主机将会随机分配 MAC 地址。每次创建 MiniNet 时对应主机的 MAC 地址都会变更，这可能会导致某些 bug 难以复现，进一步加剧 debug 的困难程度。

可以通过 --mac 命令行选项来指定主机的 MAC 地址以及 IP 地址，从而使其易读且唯一。

```
$ sudo mn --mac
...
mininet> h1 ifconfig
h1-eth0  Link encap:Ethernet  HWaddr 00:00:00:00:00:01
         inet addr:10.0.0.1  Bcast:10.255.255.255  Mask:255.0.0.0
         UP BROADCAST RUNNING MULTICAST  MTU:1500  Metric:1
         RX packets:0 errors:0 dropped:0 overruns:0 frame:0
         TX packets:0 errors:0 dropped:0 overruns:0 carrier:0
         collisions:0 txqueuelen:1000
         RX bytes:0 (0.0 B)  TX bytes:0 (0.0 B)
mininet> exit
```

使用 XTerm

如果需要使用更加复杂的 debug 功能，MiniNet 支持使用 XTerm 来进行终端复用。

可以通过 -x 命令行选项来为每一个虚拟主机和虚拟交换机开启一个 xterm，如下面的命令所示：

```
$ sudo mn -x
```

可以使用 XTerm 在 MiniNet 的每一个节点上进行交互式的命令执行。

MiniNet Benchmark

可以通过将命令行参数 --test 指定为 none 来记录 MiniNet 启动以及销毁所需要的时间。

```
$ sudo mn --test none
```

5.4.3   MiniNet 的命令行界面命令

通过如下命令，从 Linux shell 进入 MiniNet 的命令行界面。

```
$ sudo mn
```

显示选项

可以通过 help 命令来显示选项。

Python 解释器

除了命令行界面外，还可以使用 MiniNet 中的 Python 解释器，假如键入 MiniNet 命令行中的命令中的第一个短语为 py，那么对应的命令将会用 Python 来执行，这是 MiniNet 中一个十分有用的插件。

```
# 运行hello world
mininet> py 'hello ' + 'world'
# 打印此MiniNet中的本地变量
mininet> py locals()
# 通过dir函数来查看每一个节点可用的类方法与类变量
mininet> py dir(s1)
# 通过help函数来查看每一个节点可用方法对应的在线文档
mininet> py help(h1) (Press "q" to quit reading the documentation.)
# 执行某个变量的类方法 （这里是查看主机h1的对应IP地址）
mininet> py h1.IP()
```

链路的启动与中断

链路的启动与中断可以有效地帮助我们进行系统的容错测试。例如，如果想断开主机 h1 和交换机 s1 之间的虚拟链路，那么可以执行如下命令：

```
mininet> link s1 h1 down
```

如果想重新启动 h1 和 s1 之间的虚拟链路，那么可以执行如下命令：

```
mininet> link s1 h1 up
```

XTerm 显示

如果想打开 h1 和 h2 的 XTerm，那么可以执行如下命令：

```
mininet> xterm h1 h2
```

5.4.4　使用 Python 接口

MiniNet 支持 Python 接口的使用，详情请参考 MiniNet 项目下的 examples 文件夹（路径为 mininet/examples），那里将会提供非常多的使用 Python 接口的 MiniNet 的例子。下面将以其中的 ssh daemon 为例，说明如何在 MiniNet 中运行使用 Python 接口的对应程序。

SSH daemon

这个例子是在 MiniNet 的每一台虚拟主机上都运行一个 SSH daemon。可以在一个 Linux 终端上运行如下命令：

```
$ sudo ~/mininet/examples/sshd.py
```

在另外一个终端上通过 ssh 登录 MiniNet 中的主机 h1（IP 地址为 10.0.0.1），并在主机 h1 上执行如下命令：

```
$ ssh 10.0.0.1
$ ping 10.0.0.2
...
$ exit
```

至此，MiniNet 的基本使用方式介绍完成。

参 考 文 献

[1] KUROSE J F, KEITH W R. Computer networking: A top-down approach edition[M].4th ed. Reading, Massachusetts: Addision Wesley, 2007.

[2] Mininet Walkthrough. https://mininet.org/walkthrough/.

第6章

可编程网络：P4

6.1　实　验　目　的

在本章中，我们将掌握如下内容：

1. 理解 P4 可编程网络的概念。

2. 熟悉 P4 语言的基本语法和协议无关的交换机架构 PISA。

3. 使用 P4 语言实现基本的数据包转发、控制面和链路监控。

6.2　实验环境配置

本实验推荐使用 P4 官方提供的虚拟机环境直接进行实验，配置步骤如下：

1. 下载并安装 vagrant（https://www.vagrantup.com）和 VirtualBox（https://www.virtualbox.org）。

2. 下载官方 P4-Tutorial 项目：https://github.com/p4lang/tutorials。

3. 在 tutorial/vm-ubuntu-20.04/目录下运行 vagrant up 创建虚拟机，虚拟机创建过程中会自动进行环境配置和依赖下载，部分源下载在国内网络环境下可能会卡顿或下载失败，可尝试添加代理后重新下载。

4. 安装完成后即可登录虚拟机，账号/密码：vagrant/vagrant。

如果需要，读者也可以根据 P4 官方提供的文档自行在物理机上安装 BMV2、P4C、MiniNet 等组件，构建实验环境。

6.3　实　验　背　景

6.3.1　P4 可编程网络

P4 是一种领域特定的编程语言，用于定义数据包如何被数据平面中的可编程设备进行处理，这些设备包括硬件或者软件交换机、网卡和路由器等。P4 的名称来源于论文 "Programming Protocol-Independent Packet Processors"[1]，其最初是为交换机编程而设计，但目前 P4 的应用范围已经扩展到大量的网络设备，在下文中我们称这些设备为 P4 的目标设备。

在 P4 出现之前，网络支持何种功能完全由网络设备制造商决定。由于网络芯片的功能决定了大部分可能的网络行为，因此制造商完全控制了网络功能的更新迭代（如VXLAN），而且迭代周期通常需要几年时间。这就造成了如图6.1所示的自底向上的网络设计模式，即网络系统的设计和实现取决于网络芯片所支持的固定规则和协议，而不是实际应用场景中的网络需求。

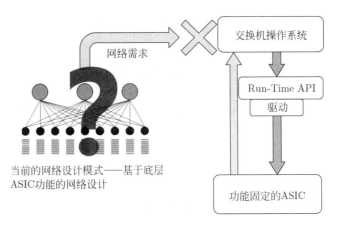

图 6.1　自底向上的网络设计模式

P4 的出现颠覆了传统的设计模式，网络设计开发人员和工程师可以通过 P4 对可编程网络芯片进行编程，以实现网络中的特定功能。P4 程序可以在几分钟内进行快速部署，并且根据实际网络的变化和需求迅速进行动态调整，真正实现了如图6.2所示的自顶向下的网络设计模式。

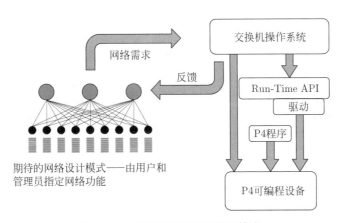

图 6.2　自顶向下的网络设计模式

P4 编程的许多目标设备同时具有控制平面和数据平面，P4 只用于定义目标设备的数据平面功能。P4 程序也提供了控制平面和数据平面通信的部分接口，但它不能用来定制目标设备的控制平面功能。因此当谈到 P4 对目标设备进行编程时，通常指的是对目标设备的数据平面进行编程。图6.3说明了 P4 最典型的目标设备——P4 可编程交换机——与传统的固定功能交换机之间的区别。在传统交换机中，制造商定义了数据平面的功能，控制平面通过管理表项（如路由表）、配置特定的组件（如流量计）以及处理控制包（如路由协议包）或异步事件（如链路状态变化）来控制数据平面。

P4 可编程交换机与传统交换机有以下两点本质不同：

- P4 可编程交换机数据平面的功能是由 P4 程序定义而不是事先固定的。数据平面没有内置现有的网络协议，而是在初始化时根据 P4 程序进行配置以实现程序所定义的功能（如图6.3中灰色长箭头所示）。
- P4 可编程交换机的控制平面使用和传统交换机相同的通信通道与数据平面通信，但是数据平面中的表项和其他设置不再是固定的，可以灵活修改。同时 P4 编译器也生成了控制平面与数据平面通信的 API。

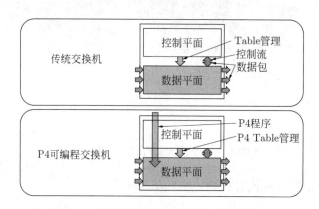

图 6.3   传统交换机和 P4 可编程交换机

P4 数据平面编程具有如下优势：

- **灵活性**：快速灵活地增加和删除网络协议，开发者亦可设计验证新型网络协议和功能。
- **资源高效性**：根据实际网络需求配置所需硬件资源。
- **透明性**：支持更全面的带内测量。
- **软件式开发**：快捷的设计、开发和验证周期。

目前 P4 在网络功能设计中已经有了诸多应用，如四层负载均衡器 [2]、低延迟拥塞控制 [3]、带内网络遥测 [4]、高速网内缓存 [5]、线速下的网络一致性 [6]、MapReduce 应用的聚合 [7] 等，更多的应用可参考 P4 官方社区 [8]。

6.3.2   P4 基本语法

P4 是描述数据包如何被可编程网络设备处理的语言，其编程模型和数据包处理设备的架构紧密相关，因此首先介绍数据包处理器的一种通用架构——协议无关的交换机架构（Protocol-Independent Switch Architecture, 以下简称 PISA）。

PISA 由可编程解析器、可编程匹配-动作表和可编程逆解析器组成，其架构如

图6.4所示。数据包被解析器解析为多个独立的包头，然后经过多级匹配-动作表进行处理，每一个匹配动作表都可以匹配包头的特定字段和/或数据包处理过程中的中间数据，然后根据匹配结果执行相应的操作，包括对包头内容的修改、增加和删除等。数据包经过多级串行处理后，由逆解析器对处理后的数据包进行组装，然后重新发送出去。

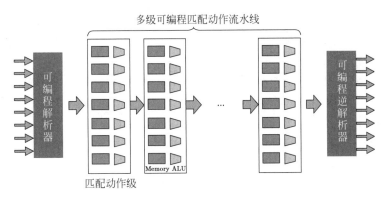

图 6.4　协议无关的交换机架构（PISA）

　　根据 PISA 架构，P4 程序主要包括解析器和控制流两大部分。解析器定义了如何对包头进行解析、提取和逆解析；控制流定义了如何对包头进行处理，包括匹配表、动作和控制逻辑三个编程模块。作为一门编程语言，P4 程序还定义了其基础数据类型和表达式，以及编程架构。下面会对这些模块进行详细介绍。

基础数据类型和表达式

　　基础数据类型主要包括 header 和 struct。header 是成员字段组成的有序列表，每个成员指定了名称和类型（长度），header 是一种包头类型，需要实例化以存储具体的数据，header 实例的成员可以进行赋值。struct 是成员字段组成的无序集合。

　　P4 的基本操作包括本地元数据的定义、赋值、切片、拼接、加减、类型转换和位运算等。

代码 6.1（DataTypes, Statements and Expressions）

```
// typedef: introduces alternate type name
typedef bit<48> macAddr_t;
typedef bit<32> ip4Addr_t;

// headers: ordered collection of members
// operations test and set validity bits:
// isValid(), setValid(), setInvalid()
header ethernet_t {
  macAddr_t dstAddr;
  macAddr_t srcAddr;
  bit<16> type;
}

// variable declaration and member access
```

```
ethernet_t ethernet;
macAddr_t src = ethernet.srcAddr;

// struct: unordered collection of members
struct headers_t {
  ethernet_t ethernet;
}

// Local metadata declaration, assignment
bit<16> tmp1;
bit<16> tmp2;
tmp1 = hdr.ethernet.type;

// bit slicing, concatenation
tmp2 = tmp1[7:0] ++ tmp1[15:8];

// addition, subtraction, casts
tmp2 = tmp1 + tmp1 - (bit<16>)tmp1[7:0];

// bitwise operators
tmp2 = (~tmp1 & tmp1) | (tmp1 ^ tmp1);
tmp2 = tmp1 << 3;
```

解析和逆解析

解析器定义了如何识别数据包的包头并按照程序定义的 header 类型解析包头。在 P4 程序中首先要定义需要解析的 header 类型并将其实例化，之后就可以在解析器程序中定义包头的解析逻辑。包头的解析逻辑是一个有限状态机模型，包头从起始状态（state start）开始，经过多级解析状态后，最终到达终止状态（accept）并将包头中的数据写入了 header 中。起始状态和终止状态之间可能有多条解析路径，不同类型的数据包会按照相应的解析逻辑进行解析。下面的例程中提供了解析以太网包头的解析代码，其中 packet_in 和 packet_out 是交换机架构为解析和逆解析提供的外部对象，它们包含了解析和逆解析中所需的一些基本操作。

代码 6.2（Parsing and Deparsing）

```
// packet_in: extern for input packet
extern packet_in {
  void extract<T>(out T hdr);
  void extract<T>(out T hdr,in bit<32> n);
  T lookahead<T>();
  void advance(in bit<32> n);
  bit<32> length();
}

// parser: begins in special "start" state
state start {
  transition parse_ethernet;
}
```

```
// User-defined parser state
state parse_ethernet {
  packet.extract(hdr.ethernet);
  transition select(hdr.ethernet.type) {
    0x800: parse_ipv4;
    default: accept;
  }
}

// packet_out: extern for output packet
extern packet_out {
  void emit<T>(in T hdr);
}

apply {
  // insert headers into pkt if valid
  packet.emit(hdr.ethernet);
}
```

表和动作

P4 程序中表（table）和动作（action）是 PISA 中 Match-Action Pipeline 的具体实现。table 定义了匹配-动作模式，即匹配包头中的哪些字段，以及根据不同的匹配结果可以执行哪些 action 操作。table 类似 C 语言中的 switch 操作，且每个分支自带 break。table 中的 action 仅有操作函数名称，而 action 则具体定义了 table 中可执行的 action 集合里每个 action 的具体操作。注意：匹配-动作表只是定义了匹配字段集合和操作集合，声明这两个集合之间有映射关系，但具体的映射关系（即具体如何匹配）由控制平面下发的表项决定。

table 中的匹配模式有多种，包括精确匹配、最长前缀匹配、三元匹配和范围匹配。action 由一条至多条 P4 基本指令构成，P4 语言规范[9] 中定义了其支持的基本指令，不同的 P4 目标设备支持不同的基本指令。

代码 6.3（Tables and Actions）

```
// Tables
table ipv4_lpm {
  key = {
    hdr.ipv4.dstAddr : lpm;
    // standard match kinds:
    // exact, ternary, lpm
  }
    // actions that can be invoked
  actions = {
    ipv4_forward;
    drop;
    NoAction;
  }
  // table properties
```

```
size = 1024;
default_action = NoAction();

// Inputs provided by control-plane
action set_next_hop(bit<32> next_hop) {
  if (next_hop == 0) {
    metadata.next_hop = hdr.ipv4.dst;
  } else {
    metadata.next_hop = next_hop;
  }
}

// Inputs provided by data-plane
action swap_mac(inout bit<48> x, inout bit<48> y) {
  bit<48> tmp = x;
  x = y;
  y = tmp;
}

// Inputs provided by control/data-plane
action forward(in bit<9> p, bit<48> d) {
  standard_metadata.egress_spec = p;
  headers.ethernet.dstAddr = d;
}

// Remove header from packet
action decap_ip_ip() {
  hdr.ipv4 = hdr.inner_ipv4;
  hdr.inner_ipv4.setInvalid();
}
```

控制逻辑

当定义了多个 table 后，需要确定不同 table 的执行顺序，这在 P4 中称为控制逻辑，通过 apply 语法来定义。P4 中不同 table 的执行顺序可以通过多种逻辑判断实现，包括 header 有效性判断、table 执行性判断和 action 调用性判断等。

代码 6.4（Control Flow）

```
apply {
  // branch on header validity
  if (hdr.ipv4.isValid()) {
    ipv4_lpm.apply();
  }

  // branch on table hit result
  if (local_ip_table.apply().hit) {
    send_to_cpu();
  }
  // branch on table action invocation
  switch (table1.apply().action_run) {
```

```
        action1: { table2.apply(); }
        action2: { table3.apply(); }
    }
}
```

编程架构

P4 编程架构定义了可编程的模块（如解析器、输入控制流、输出控制流、逆解析器等）和这些模块的数据平面接口。P4 编程架构可看作目标设备提供给开发者的编程模型，因此每一个设备提供商都会提供其设备对应的编程架构和 P4 编译器。

这里介绍在 BMv2 Simple Switch 中最常用的 P4 架构 V1Model。V1Model 交换机包括解析器、检验和验证、输入流、输出流、校验和计算、逆解析器 6 个编程模块，可以按照自己的需求对这 6 个模块进行编程，以实现一个 V1Model 交换机。V1Model 还提供了 standard_metadata 类型，其中包含了数据包在处理过程中产生的大量中间数据，这些中间数据也可以在解析器和匹配-动作表的编程中使用，如将其作为 table 的匹配字段或者 action 的修改字段等。此外，V1Model 还提供了计数器组件 counter 和存储组件 register，以实现有状态的数据包处理操作。

代码 6.5（V1Model – Architecture, Standard Metadata, Counters and Registers）

```
// common externs
extern void truncate(in bit<32> length);
extern void resubmit<T>(in T x);
extern void recirculate<T>(in T x);
enum CloneType { I2E, E2I }
extern void clone(in CloneType type,
                  in bit<32> session);

// v1model pipeline elements
parser Parser<H, M>(
  packet_in pkt,
  out H hdr,
  inout M meta,
  inout standard_metadata_t std_meta
);
control VerifyChecksum<H, M>(
  inout H hdr,
  inout M meta
);
control Ingress<H, M>(
  inout H hdr,
  inout M meta,
  inout standard_metadata_t std_meta
);
control Egress<H, M>(
  inout H hdr,
  inout M meta,
```

```
    inout standard_metadata_t std_meta
);
control ComputeChecksum<H, M>(
  inout H hdr,
  inout M meta
);
control Deparser<H>(
  packet_out b, in H hdr
);

// v1model switch
package V1Switch<H, M>(
  Parser<H, M> p,
  VerifyChecksum<H, M> vr,
  Ingress<H, M> ig,
  Egress<H, M> eg,
  ComputeChecksum<H, M> ck,
  Deparser<H> d
);

struct standard_metadata_t {
  bit<9> ingress_port;
  bit<9> egress_spec;
  bit<9> egress_port;
  bit<32> clone_spec;
  bit<32> instance_type; bit<1> drop;
  bit<16> recirculate_port;
  bit<32> packet_length;
  bit<32> enq_timestamp;
  bit<19> enq_qdepth;
  bit<32> deq_timedelta;
  bit<19> deq_qdepth;
  bit<48> ingress_global_timestamp;
  bit<48> egress_global_timestamp;
  bit<32> lf_field_list;
  bit<16> mcast_grp;
  bit<32> resubmit_flag;
  bit<16> egress_rid;
  bit<1> checksum_error;
  bit<32> recirculate_flag;
}

// counters
counter(8192, CounterType.packets) c;

action count(bit<32> index) {
  //increment counter at index
  c.count(index);
}

// registers
```

```
register<bit<48>>(16384) r;

action ipg(out bit<48> ival, bit<32> x) {
  bit<48> last;
  bit<48> now;
  r.read(x, last);
  now = std_meta.ingress_global_timestamp;
  ival = now - last;
  r.write(x, now);
}
```

6.4 实 验 内 容

在 6.3 节中，已经对 P4 编程语言的意义、功能以及常用的 P4 语言语法进行了简要介绍。在本节中，我们会自己动手实现几个简单的 P4 小程序，对 P4 编程进行更加直观的感受和理解。由于硬件限制，本节中所有的实验均使用软件模拟器 BMV2（Behavior Model Version 2）完成。

本实验主要依托 P4 官方教程完成，成功登录虚拟机后，请首先再次下载 P4-Tutorial 项目：https://github.com/p4lang/tutorials。应重点关注三个实验，分别为：实现基本转发、实现控制平面和实现链路监控。每个实验均有参考答案在实验目录下的 solution 文件夹中，推荐读者在自行完成实验后再参考答案。除本节介绍的三个实验外，项目中还包含多个其他实验，读者可以根据兴趣自行阅读说明并完成。

6.4.1 实现基本转发

在本实验（tutorials/exercises/basic/）中，我们将编写一个实现基本 IPv4 转发的 P4 程序。对于 IPv4 转发，交换机必须对每个数据包执行以下操作：①更新源和目标 MAC 地址；②减少 IP 报头中的生存时间字段（TTL）；③查询路由表并转发包到适当的端口。交换机的路由表将由控制平面使用静态规则进行填充，这部分代码在该实验提供的原始代码中已经完成，我们仅需要关注 P4 程序的数据平面逻辑。本实验中使用的网络拓扑结构如图6.5所示。

我们需要实现的 P4 程序为 basic.p4，该程序针对在 BMV2 软件交换机上实现的 V1Model 架构编写，V1Model 的架构文件位于：/usr/local/share/p4c/p4include/v1model.p4。该文件描述了该架构中 P4 可调用的接口、支持的元数据字段等信息，建议读者在实现代码前对该文件进行阅读。代码文件中已经在需要填充内容的部分进行了提示，请结合前面学到的内容，将 basic.p4 程序填充完整。

在完成代码后，可以在本实验目录下直接运行 make run 指令，该指令将编译 basic.p4 文件，在 MiniNet 中生成图6.5所示的拓扑结构，将编译好的 p4 文件配置给每台交换机，并根据 pod-topo/s*-runtime.json 文件的内容为每台交换机下发路由表项，根据 pod-topo/topology.json 文件的内容对所有主机进行配置，请读者查看

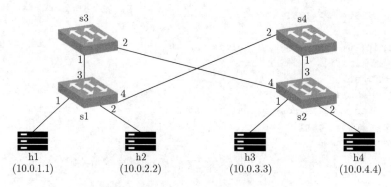

图 6.5　实现基本转发实验的网络拓扑结构

上述配置文件，思考文件内容的含义。运行 `make run` 指令成功后，会进入 MiniNet 命令行界面，可以尝试在主机之间互相进行 ping 来判断程序是否正确完成。测试完成后，请运行 `make stop` 指令关闭 MiniNet，并运行 `make clean` 指令清理实验环境，以便进行下一次的测试。

6.4.2　实现控制平面

在 P4 编程中，用户需要为交换机配置流表项以使其对不同的网络包进行匹配和操作，一般流表的下发方式有通过可编程交换机的 CLI 进行手动下发或使用控制平面接口进行流表批量下发。在本实验（tutorials/exercises/p4runtime/）中，我们将使用 P4Runtime 将流条目发送到交换机。本实验将基于 basic_tunnel 实验（tutorials/exercises/basic_tunnel/），并在原来实验的代码基础上增加了两个计数器（ingressTunnel-Counter、egressTunnelCounter）和两个新操作（myTunnel_ingress、myTunnel_egress）。如果对该实验感到吃力可以先尝试完成 basic_tunnel 实验。

本实验使用的网络拓扑结构如图6.6所示。该实验已经完成了 P4 程序的编写，我们的任务是补全 `mycontroller.py` 代码。`mycontroller.py` 中实现了基本的控制平面逻辑，它的主要工作如下：①为 P4Runtime 服务建立与交换机的 gRPC 连接；②将编译完成的 P4 程序推送到每个交换机；③为 h1 和 h2 之间的 Tunnel 下发 tunnel ingress 和 tunnel egress 流表；④每 2s 读取一次 Tunnel 的 ingressTunnelCounter 和 egressTunnelCounter 计数器。代码文件中已经在需要填充内容的部分进行了提示，请结合前面所学的内容，将 `mycontroller.py` 程序填充完整。

在本实验中可能需要对 p4runtime_lib 目录（tutorials/utils/p4runtime_lib）中的一些类和方法进行调用，以下是对该目录下的文件的简单介绍：

- `helper.py`: 包含用于解析 p4info 文件的 `P4InfoHelper` 类，提供从实体名称到 ID 号的转换方法，构建 P4Runtime 表条目的 P4 程序相关部分。
- `switch.py`: 包含 `SwitchConnection` 类，提供抓取 gRPC 客户端信息，并建立到交换机的连接的方法，提供构造 P4Runtime 协议缓冲区消息并进行 P4Runtime gRPC 服务调用的辅助方法。

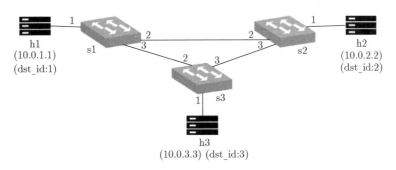

图 6.6　实现控制平面实验的网络拓扑结构

- bmv2.py: 包含 Bmv2SwitchConnection 类，它是 SwitchConnections 类的扩展，提供 BMV2 特定的设备有效负载以加载 P4 程序。
- convert.py: 提供易读的字符串和数字到协议缓冲区消息所需的字节字符串的编码和解码方法，主要由 helper.py 调用。

在补全程序后，可以通过以下方式对代码功能进行测试：首先运行 make 对 p4 代码进行编译，并使用 MiniNet 生成实验拓扑。此时如果在 MiniNet 命令行中运行 h1 ping h2，将无法成功获得响应，因为在本实验中 P4 程序的安装和流表项的下发由 mycontroller.py 完成，此时交换机尚未安装程序，并不能正常对网络包进行转发。重新打开一个终端并运行 python mycontroller.py，如果程序逻辑正确，则交换机成功安装 advanced_tunnel.p4 程序，并添加了对应流表项。此时终端之间可以正常通信，且可以看到终端开始打印 ingressTunnelCounter 和 egressTunnelCounter 计数器信息。在测试完成后请运行 make stop 和 make clean 以便进行后续测试。

6.4.3　实现链路监控

在本实验（tutorials/exercises/link_monitor/）中，我们将编写一个 P4 程序，使主机能够监控网络中所有链路的利用率。我们将对基本转发实验中的 basic.p4 程序进行进一步修改以对源路由探测数据包进行处理，使它能够在每一跳获取出口链路利用率并将其传递给主机。本实验将为探测报文添加以下报文头来存储途经的每个端口的链路利用率信息。

代码 6.6（Header）

```
// Top-level probe header, indicates how many hops this probe
// packet has traversed so far.
header probe_t {
    bit<8> hop_cnt;
}


// The data added to the probe by each switch at each hop.
header probe_data_t {
    bit<1>    bos;
```

```
    bit<7>    swid;
    bit<8>    port;
    bit<32>   byte_cnt;
    time_t    last_time;
    time_t    cur_time;
}


// Indicates the egress port the switch should send this probe
// packet out of. There is one of these headers for each hop.
header probe_fwd_t {
    bit<8>    egress_spec;
}
```

为了监控链路利用率，我们将在交换机中维护以下两个寄存器组：

- `byte_cnt_reg`：每个端口传出的字节数。
- `last_time_reg`：每个端口最后一次传输探测数据包的时间戳。

本实验中使用的网络拓扑与基本转发实验中的相同，如图6.5所示。需要实现的代码文件为 `link_monitor.p4`，该文件中已经完成了基础的 IPv4 转发和对于探测报文的源路由逻辑，我们需要在该文件的基础上补全对探测报文的处理逻辑，以实现链路利用率监控功能。代码文件中已经在需要填充内容的部分进行了提示，请结合前面所学的内容，将 `link_monitor.p4` 程序填充完整。

在补全程序后，可以通过以下方式对代码功能进行测试：首先运行 `make run`，并在打开的 MiniNet 终端输入 `xterm h1 h1`，打开两个 h1 终端。在两个 h1 终端中分别运行`./send.py` 和 `./receive.py`，进行探测报文的发送和接收。在 MiniNet 命令行中运行 `iperf h1 h4`，在 h1 和 h4 之间添加负载流量。在运行 `receive.py` 的 h1 终端中查看是否成功输出链路利用率信息。测试结束后运行 `make stop`、`make clean` 以便进行下次测试。

参 考 文 献

[1] BOSSHART P, DAN DALY D, GIBB G, et al. P4: programming protocol-independent packet processors[J]. ACM SIGCOMM Computer Communication Review, 2014, 44(3): 87-95.

[2] MIAO R, ZENG H Y, KIM C, et al. Silkroad: making stateful layer-4 load balancing fast and cheap using switching asics[C]. In Proc. of the Conference of the ACM Special Interest Group on Data Communication, 2017, 15-28.

[3] HANDLEY M, RAICIU C, AGACHE A, et al. Re-architecting datacenter networks and stacks for low latency and high performance[C]. In Proc. of the Conference of the ACM Special Interest Group on Data Communication, 2017, 29-42.

[4] KIM C, SIVARAMAN A, KATTA N, et al. In-band network telemetry via programmable dataplanes[C]. In ACM SIGCOMM, 2015.

[5] JIN X, LI X ZH, ZHANG H Y, et al. Netcache: balancing key-value stores with fast in-network caching[C]. In Proc. of the 26th Symposium on Operating Systems Principles, 2017, 121-136.

[6] DANG H T, SCIASCIA D, CANINI M, et al. Netpaxos: consensus at network speed[C]. In Proc. of the 1st ACM SIGCOMM Symposium on Software Defined Networking Research, 2015, 1-7.

[7] SAPIO A, ABDELAZIZ I, ALDILAIJAN A, et al. In-network computation is a dumb idea whose time has come[C]. In Proc. of the 16th ACM Workshop on Hot Topics in Networks, 2017, 150-156.

[8] P4 Publications. https://p4.org/publications/.

[9] P4$_{16}$ Language Specification. https://p4.org/p4-spec/docs/P4-16-v-1.2.3.html.

第7章

高性能网络报文处理：DPDK

7.1 实验目的

在本章中，我们将掌握如下内容：

1. 理解 DPDK 的基本概念。
2. 熟悉 DPDK 的基本接口。
3. 使用 DPDK，编写基于 802.3 的 L3 路由器，实现基于 LPM 的路由。

7.2 实验环境配置

DPDK 官网给出了一系列支持 DPDK 的网卡芯片组，读者可以自行采购这些网卡实现最便捷的开发。也可以在虚拟机中使用 DPDK，在虚拟机的设置中确认虚拟机使用的网卡为 e1000。由于 e1000 并不支持多队列，需要在虚拟机设置中添加多张网卡。

接下来开始进行软件环境的搭建，以下环境为 Ubuntu 20.04。

可以通过指令

```
$ wget http://fast.dpdk.org/rel/dpdk-21.11.2.tar.xz
$ tar -xvf dpdk-21.11.2.tar.xz
```

下载并解压 DPDK 21.11.2 (LTS) 的源码，也可以从 DPDK 的官网获取其他版本的 DPDK。

编译 DPDK 环境需要工具 ninja 和 meson，由于需要在 root 权限下执行，可以通过指令为 root 配置环境：

```
$ sudo su
$ pip install ninja meson
```

在解压出的 DPDK 源码目录中执行：

```
$ sudo su
$ meson build
$ cd build
$ ninja && ninja install
```

即可编译并安装 DPDK。

为了能在 DPDK 中使用对应的网卡收发报文，需要将对应网卡的驱动切换到 uio 驱动。在任意目录执行如下指令，获取 `igb_uio.ko` 模块的代码，并进行编译安装：

```
git clone git://dpdk.org/dpdk-kmods
cd dpdk-kmods/linux/igb_uio
make
sudo modprobe uio
sudo insmod ./igb_uio.ko
```

最后，可以使用 DPDK 源码目录中的 usertools/dpdk-devbind.py 工具将对应的网卡切换到 `igb_uio` 驱动。

> **提示 7.1**　如果提示网卡被占用，则可以使用指令 `ip link set dev XXX down` 将网卡解除占用后再切换驱动。

7.3　实　验　背　景

7.3.1　DPDK 简介

DPDK 是由 Intel 公司开发并开源的一套数据平面开发工具包（Data Plane Development Kit），该工具包可以实现在不同 CPU 架构下的报文的高速处理。

DPDK 帮助我们在用户态实现对网卡的直接操作而不需要内核的参与，因此我们也得以利用各种现代编程语言的特性进行更快速的开发。

利用 DPDK，可以快速构建一个简单的报文处理框架，也可以实现一个复杂的网络协议栈。

DPDK 通过创建环境抽象层（Environment Abstract Layer，EAL）为特定的环境创建一组特殊的库，用户可以通过将 EAL 链接到自己的程序以使用 DPDK。除了 EAL，DPDK 还提供了一些其他高速处理的库，包括 Hash、最长前缀匹配（LPM）、环状队列（Ring）等。

DPDK 为了在不同的操作系统和架构上运行，实现了 EAL，提供了对如下服务的抽象：

- DPDK 的载入和启动。
- 多进程和多线程。
- 线程的核心绑定。
- 内存管理和分配。
- 原子操作和锁。
- 时间信息。
- PCI 总线操作。

- 中断处理。
- CPU 功能识别。

更详细的内容将在 7.3.2 节中阐述。

核心组件

DPDK 在 EAL 的基础上实现了许多核心组件，通过这些核心组件可以进行更便捷的开发。其核心组件主要由如下四部分组成：

- 环状队列（ring）：无锁的多生产者多消费者 FIFO 队列。
- 内存池（mempool）：负责进行高速的内存分配和释放。
- 报文缓冲区（mbuf）：提供了创建和销毁报文缓冲区的功能。
- 计时器（timer）：提供了高精度地在任意核心上单次或重复进行函数调用的功能。

7.3.2 EAL

这里只针对 DPDK 的如下三种 EAL 中的抽象进行介绍，这三种抽象是开发过程中最常使用的：

- DPDK 的载入和启动。
- 多进程和多线程。
- 内存管理和分配。

实际上在 EAL 的基础上增加了许多限制，我们将在接下来的内容中详细介绍 EAL 中的这三个抽象。DPDK 的 EAL 启动流程如图7.1所示。

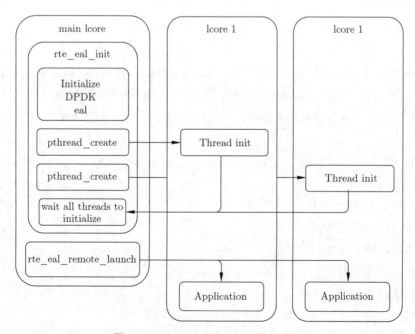

图 7.1 DPDK 的 EAL 启动流程

DPDK 的载入和启动

要在进程中使用 DPDK，首先需要初始化 DPDK 的 EAL，DPDK 的许多组件都依赖 EAL，开发者通过调用函数 `rte_eal_init` 实现对 EAL 的初始化。如图7.1所示，在 Linux 下，EAL 为了实现对每一个核心的优化，首先为每一个可能的核心创建一个线程，在每一个线程中初始化每一个线程的信息，然后将自身阻塞并回到主线程，并将返回到调用 `rte_eal_init` 处。此时开发者若需要在某个核心上执行自己的代码，则可以通过函数调用 `rte_eal_remote_launch` 唤醒每一个阻塞的线程，这些线程会通过调用开发者传入该函数的回调函数，将线程交给开发者的代码。代码 7.1 展示了一个最简单的启动 DPDK 的例子。

代码 7.1

```
void helloworld(void* arg) {
    printf("Hello World\n");
}

int main(int argc, char **argv) {
    rte_eal_init(argc, argv);
    int lcore_id;
    RTE_LCORE_FOREACH_WORKER(lcore_id) {
        rte_eal_remote_launch(helloworld, 0, lcore_id);
    }

    return 0;
}
```

DPDK 线程

DPDK 通常为每一个核心固定一个线程（DPDK 也称每一个启动的线程为 `lcore`），以避免任务切换带来的额外开销。一个最简单的例子是在 `rte_eal_init` 的时候传入参数 `--lcore=0,1,2`，则 EAL 会在 CPU 核心 0、1、2 上分别创建一个线程。

但是实际上这并不总是好的，因为可以通过 CPU 在不同核心之间的调度提高 CPU 的效率。一个基本的参数格式如下：

```
--lcores='<LCORE\_SET>[@CPU\_SET][,<LCORE\_SET>[@CPU\_SET]]...'
```

这里给出一个例子 `--lcores='1,2@(5-7),(3-5)@(0,2),(0,6),7-8'`，这个例子是说一共启动了 9 个线程，DPDK 称第 i 个线程为 `lcore i`。此时 `lcore 0` 和 `lcore 6` 都运行在 CPU 0、6 上，`lcore 1` 运行在 CPU 1 上，`lcore 2` 运行在 CPU 5、6、7 上，`lcore 3`、`lcore 4`、`lcore 5` 运行在 CPU 0、2 上，`lcore 7` 运行在 CPU 7 上，`lcore 8` 运行在 CPU 8 上。

另一种情况是我们不希望通过 `rte_eal_remote_launch` 的方式来启动线程，而希望自己管理线程。对于 DPDK 的大多数库都可以直接使用，其中一小部分库需要在该线程中调用一次 `rte_thread_register` 后方可使用。

内存管理和分配

DPDK 提供了一套内存管理的 API 来进行内存的申请和释放,这样做是为了保证相同的代码在不同环境下编译,代码中内存相关函数的语义是一致的。例如,内存池是为了更快的申请和释放,而 malloc 一类的函数是为了获取一片较大的内存区域而不必追求极致的性能。同时 DPDK 默认使用了 Hugepage,这使得 DPDK 更加高效。

DPDK 在设计内存管理和分配时同样考虑了现代计算机的 NUMA 架构。在 EAL 初始化正常的情况下,在通过本节介绍的方法启动的线程中使用 DPDK 进行内存管理和分配时,DPDK 都会进行 NUMA 上的考虑。

一对常用的函数是 rte_malloc 和 rte_free,这两个函数可以帮助我们从 Hugepage 中取出内存使用。

```
void* rte_malloc(const char * type, size_t size, unsigned align);
void rte_free(void * ptr);
```

内存池是 DPDK 一个非常重要的特性,内存池管理了一组大小确定的内存块。从一个内存池中可以快速地获取和释放固定大小的内存。DPDK 的内存池为了实现高性能,提供了许多高级特性,包括每个核心的独立缓存以及更高效地利用 DRAM 通道。

接下来介绍几个在使用内存池时常用的函数:

- rte_mempool_create:创建一个新的内存池,该函数为返回指向一个内存池的指针作为句柄,通过该句柄即可操作该内存池。
- rte_mempool_free:将一个内存池释放掉。
- rte_mempool_get:从内存池中取出一个可用的内存块。
- rte_mempool_put:将一个内存块放回内存池。
- rte_mempool_lookup:在创建内存池的时候,每一个内存池都有一个唯一的命名。在其他线程需要对某个内存池进行操作的时候,可以通过该函数获取该内存池的句柄。

这些函数的参数较为复杂,请直接查阅 DPDK 的 API 文档。

7.3.3 常用核心组件

网卡

DPDK 的核心是低延迟的报文处理,本节将主要介绍一系列库函数以完成对网卡的设置以及从网卡获取报文和发送报文。对于 DPDK 来说,网卡可以被认为是一个多队列的设备,DPDK 可以从这个设备的每一个队列中接收报文或发送报文。

要使用网卡,首先要进行网卡的初始化:

- 使用库函数 rte_eth_dev_configure 初始化设备,指出需要的收包队列数和发包队列数以及其他信息。
- 使用库函数 rte_eth_tx_queue_setup 对每一个发包队列进行初始化。
- 使用库函数 rte_eth_rx_queue_setup 对每一个收包队列进行初始化。

- 在调用函数 `rte_eth_dev_start` 后即可从每一个队列收包或发包。

对于接收队列来说，报文的生命流程如下：

- 网卡接收到报文，并将报文 DMA 到内存上。
- 用户调用 `rte_eth_rx_burst` 发现有报文被 DMA 完成。
- 用户将该内存递交到其他逻辑进行报文处理。
- 处理报文的相关逻辑，如 TCP 协议。
- 用户将报文释放回该队列中，此时该内存区域又可被用于新报文的 DMA 目标地址。

对于发送队列来说，报文的生命流程如下：

- 用户将发送报文放到队列上。
- 用户调用 `rte_eth_tx_burst` 告知网卡有报文可以被发送。
- 网卡从用户提供的地址将报文 DMA 到线上。
- 在发送完成后，报文会被释放回 DPDK 的内存池（因此用户要发送的报文也必须来自一个 DPDK 的内存池）。

图 7.2 所示为一个简单的 DPDK 网卡模型。

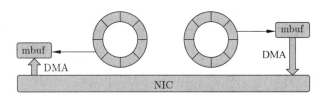

图 7.2　简单的 DPDK 网卡模型

当用户调用 `rte_eth_rx_burst` 时，将 RX Ring 上已经 DMA 完成的数据递交给用户。当用户调用 `rte_eth_tx_burst` 时，将数据放到 TX Ring 上并开始 DMA。

哈希表

在实现报文处理的过程中一个常用的数据结构是哈希表。哈希表针对一组条目的快速查找和删除进行优化，每个条目都由一个唯一的密钥（key）标识。为了提高性能，DPDK 哈希表要求所有条目的 key 相同，该长度在哈希表创建时设置。

哈希表的主要配置参数如下：

- 表中的哈希条目总数。
- key 的大小（以字节为单位）。
- 描述其他设置的额外标志，如多线程操作和可扩展存储桶功能。

哈希表还允许配置一些其他相关参数，如开发者自定义的哈希函数将 key 转换为哈希值。

DPDK 哈希提供了几个主要的方法，分别是：

- 将 (key,value) 插入哈希表：插入的位置根据 key 的哈希值确定。
- 将 (key,) 从哈希表中删除：如果找到 key 对应的项目，则将该项目从哈希表中删除。

● 查找 (key,) 对应的 (key,value)：查找特定 key 对应的项目。

事实上，DPDK 为了加速这个过程对每一类操作都提供了一系列具有不同特点的相同功能的函数。以向哈希表中插入内容为例：

```
int rte_hash_add_key_data (const struct rte_hash *h, const void *key, void *data);
  // 插入 (key, data)，key的哈希值由哈希表预设的函数计算
int32_t rte_hash_add_key_with_hash_data (const struct rte_hash *h, const void *key,
  hash_sig_t sig, void *data);
  // 插入 (key, data)，其中key计算出的哈希值为sig
int32_t rte_hash_add_key (const struct rte_hash *h, const void *key);
  // 插入 (key,) 表，key的哈希值由哈希表预设的函数计算
int32_t rte_hash_add_key_with_hash (const struct rte_hash *h, const void *key,
  hash_sig_t sig);
  // 插入 (key,)表，其中key计算出的哈希值为sig
```

其他接口类似，读者可以通过查询 DPDK 的 API 文档获取详细信息。

7.4 实 验 内 容

本实验提供的代码模板位于仓库 pkuNetLab/Lab-DPDK-l3-forward，我们会在给出的代码模板中给出一系列函数。我们需要通过实现这些函数来完成该实验。具体每一个函数需要实现的内容会在下文中给出。

实验框架如图 7.3 所示。

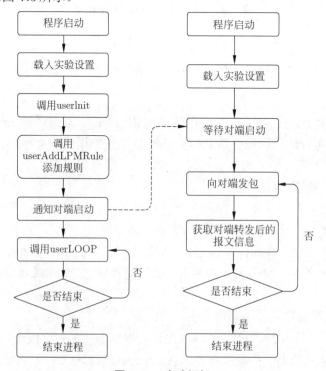

图 7.3   实验框架

在开始实验时，会启动两个进程：一个进程模拟对端机器，另一个进程用来调用我们实现的路由器。虽然大体的代码框架已经包含在其中，但是有几个关键的函数还需要我们去实现。

在程序启动时，主程序会调用我们的函数：

```
void userInit(int argc, const char **argv);
```

通过这个函数，可以实现从命令行获取参数的功能，进场实现：DPDK 的初始化、网卡 MAC 地址的初始化。

> **提示 7.2**　由于不是所有的硬件（比如虚拟机中虚拟出的网卡）都有多队列特性，因此本实验也不要求实现多队列功能。只需要为每一个网卡创建一个 RX、一个 TX 队列即可。

以下代码提供了一种简单的实现。

代码 7.2

```
static struct rte_eth_conf port_conf = {
.rxmode = {
.offloads = RTE_ETH_RX_OFFLOAD_CHECKSUM,
},
.txmode = {
.mq_mode = RTE_ETH_MQ_TX_NONE,
},
};

void userInit(int argc, char **argv) {
    struct rte_eth_dev_info dev_info;
    int portid;
    rte_eal_init(argc, argv);
    RTE_ETH_FOREACH_DEV(portid) {
        /** Create Mempool **/
        int socketid = rte_socket_id();
        char s[128];
        snprintf(s, sizeof(s), "mbuf_pool_%d", portid);
        mempool[portid] = rte_pktmbuf_pool_create(
            s, 512, MEMPOOL_CACHE_SIZE, 0,
            RTE_MBUF_DEFAULT_BUF_SIZE, socketid
        );

        /** Init Device Settings **/
        struct rte_eth_conf local_port_conf = port_conf;
        rte_eth_dev_configure(portid, 1, 1, &local_port_conf);
        rte_eth_macaddr_get(portid, &ports_eth_addr[portid]);
        rte_eth_dev_info_get(portid, &dev_info);
```

```
        uint16_t nb_rxd = 128;
        uint16_t nb_txd = 128;
        rte_eth_dev_adjust_nb_rx_tx_desc(portid, &nb_rxd, &nb_txd);

        /** Init RX Queue **/
        rte_eth_rx_queue_setup(portid, queueid,
            nb_rxd, socketid,
            &dev_info.default_rxconf,
            mempool[portid]);

        /** Init TX Queue **/
        rte_eth_tx_queue_setup
            (portid, 0, nb_txd, socketid, &dev_info.default_txconf);

        /** Start Dev **/
        rte_eth_promiscuous_enable(portid);
        rte_eth_dev_start(portid);
    }
}
```

7.4.1　路由规则

我们只需要解析简单的基于 LPM（Longest Prefix Match）的 IPv4 的路由规则即可。每一个路由规则形如：

```
<Destination IP>/<CIDR> <Destination Port>
```

其中，Destination IP 和 CIDR 是一种经典的 IP 域的表示法，如 192.168.1.0/24 表示了 192.168.1.0 到 192.168.1.255。Destination Port 表示当符合这个规则时，应当将该报文从 Destination Port 发出，在有多个匹配的规则时，选择 CIDR 最大的规则进行匹配，即 LPM。

我们需要实现如下两个函数：

```
int userAddLPMRule(uint32_t dst_ip, uint8_t cidr, uint8_t dst_port);
int userDelLPMRule(uint32_t dst_ip, uint8_t cidr);
int userGetNextHop(uint32_t dst_ip, uint8_t cidr);
```

分别实现路由规则的添加和删除。

提示 7.3

- 实现 LPM 表可以利用 DPDK 的 rte_lpm 库。
- 当规则冲突无法插入/未找到规则进行删除/未找到下一跳的网卡时，应当使函数返回 -1，并将错误信息写入 errno。

以下代码基于 rte_lpm 库进行了一个简单的实现。

代码 7.3

```
int userAddLPMRule(uint32_t dst_ip, uint8_t cidr, uint8_t dst_port) {
    if (!rule_table) {
        char s[64];
        snprintf(s, sizeof(s), "IPV4_L3FWD_LPM");

        struct rte_lpm_config config_ipv4;

        config_ipv4.max_rules = IPV4_L3FWD_LPM_MAX_RULES;
        config_ipv4.number_tbl8s = IPV4_L3FWD_LPM_NUMBER_TBL8S;
        config_ipv4.flags = 0;

        rule_table = rte_lpm_create(s, socketid, &config_ipv4);
    }

    if (!rule_table)
        return -1;
    return rte_lpm_add(rule_table, dst_ip, cidr, dst_port);
}

int userDelLPMRule(uint32_t dst_ip, uint8_t cidr) {
    if (!rule_table)
        return -1;
    return rte_lpm_delete(rule_table, dst_ip, cidr);
}

int userGetNextHop(uint32_t dst_ip) {
    if (!rule_table)
        return -1;
    uint32_t ret;
    if (rte_lpm_lookup(rule_table, dst_ip, &ret) == 0) return (int)ret;
    return -1;
}
```

7.4.2　主循环

主程序会轮询函数:

```
void userLoop(void);
```

其中需要实现如下内容:
- 从每一张网卡获取报文。
- 若为 IP 报文, 则通过 LPM 规则查询路由表, 获取目标端口。
- 若找到对应的规则, 则将报文从对应的端口发出; 否则将报文直接释放。

提示 7.4 根据 RFC1812 的规定:

- IPv4 报文 version 必须为 4。
- IPv4 报文中 Header Length 字段必须至少为 5。
- IPv4 报文中 Total Length 字段必须包含所有的 Payload 的长度。

不满足以上要求的报文应当直接丢弃。

同时，注意到当进行 L3 转发时，需要将 IP 头中的 ttl (Time To Live) 字段 −1，若减至 0 则应当将报文丢弃。否则需要在减去后，发送之前同时修改 IP 报文的 Checksum。IP 报文 Checksum 的计算方法请自行查阅资料。

以下代码对上述功能做了一个简单的实现。

代码 7.4

```
void userLoop(void) {
    int portid;
    RTE_ETH_FOREACH_DEV(portid) {
        if (tx_buffer[portid].size()) {
            int sent = 0;
            while (sent < tx_buffer[portid].size()) {
                auto n_sent = rte_eth_tx_burst(portid, 0,
                    tx_buffer[portid].data() + sent,
                    tx_buffer[portid].size() - sent);
                sent += n_sent;
            }
        }
        tx_buffer[portid].clear();
    }

    RTE_ETH_FOREACH_DEV(portid) {
        struct rte_mbuf* pkts[32];
        auto n_pkt = rte_eth_rx_burst(portid, 0, pkts, 32);
        for (int i = 0; i < n_pkts; i ++) {
        auto pkt = pkts[i];
        auto eth_hdr = rte_pktmbuf_mtod(pkt, struct rte_ether_hdr *);
        auto ipv4_hdr = (struct rte_ipv4_hdr *)(eth_hdr + 1);
        ipv4_hdr->time_to_live--;
        ipv4_hdr->hdr_checksum++;

        uint32_t dst_ip = rte_be_to_cpu_32(ipv4_hdr->dst_addr);
        auto next_hop = userGetNextHop(dst_ip);

        if (next_hop == -1)
            rte_pktmbuf_free(pkt);
        else
```

```
                    tx_buffer[next_hop].push_back(pkt);
        }
    }
}
```

提示 7.5 本节中代码的实现部分不是最高效的实现方法，读者可以自行改进。

第 8 章

用户态网络协议栈：OmniStack

8.1 实 验 目 的

借助 OmniStack 框架，实现完整的 RTP 协议。

8.2 实 验 背 景

8.2.1 用户态协议栈简介

用户态协议栈是近年来兴起的新型网络技术，主要用于解决传统的内核协议栈中存在的用户态与内核态间转换时进行上下文切换引起的高额开销问题。同时，用户态协议栈也规避了内核协议栈中诸多由内核引入的功能上的限制。简单来讲，用户态协议栈的本质是在用户态实现的网络协议栈，它借助新兴的如 netmap、DPDK 等高性能 IO 技术绕开内核直接和硬件交互从而实现更好的性能。用户态协议栈的系统设计仍然是一个研究热点，现在较为知名的用户态协议栈包括 mTCP、IX、ZygOS 等。

8.2.2 OmniStack 简介

OmniStack 是北京大学自主研发的，适合实验教学的用户态协议栈。它不同于之前的所有用户态协议栈，独创性地将网络协议栈抽象成有向图的形式，从而实现了协议栈的模块化。而在 OmniStack 之前的所有协议栈几乎都采用了单体式（monolithic）的设计，整个协议栈高度耦合，难以进行拓展或修改。OmniStack 在设计时高度强调可编程性，旨在通过模块化的设计降低网络协议设计实现或协议栈功能拓展的成本。如前所述，OmniStack 将协议栈包含的所有协议拆分成若干独立的模块，抽象为图中的节点，通过图中的有向边表示对数据包的工作流。用户可以连接到图中的任意节点以定制该用户的数据包处理路径，从而为用户提供完全定制化的协议栈，这将有利于满足异构应用不同的网络需求。OmniStack 允许管理员声明多个图以创建多个不同的协议栈并实现隔离，另外 OmniStack 支持将图自动划分为多个子图，并将子图映射到不同 CPU 上执行以充分使用多核处理器的性能。同时，OmniStack 强调对不同硬件的兼容性以增强其泛用性，它将网卡硬件同样抽象为图中的一类特殊节点——IO 节点，对不同的硬件 API 进行了统一的抽象。IO 节点的引入不仅使得对新硬件的支持变得简单，也使得单一用户不再独占硬件资源，实现了硬件资源的复用。在强调可编程性的同时，OmniStack 通过引入无锁数据结构、零复制、内存管理与缓存优化等多种优化技术来满足现代网络对协议栈性能的高要求。

我们将详细介绍 OmniStack 的各层接口，并通过几个例子来讲解如何在 OmniStack 上开发自己的协议模块。

数据包接口

OmniStack 对网络数据包进行了封装并附加了一些便于协议栈处理的信息。在所有的模块中，我们都将使用封装后的数据包。这里只列出对于协议开发者而言需要关注的字段。

```
typedef struct omni_packet_data {
    uint16_t length;          // Total packet length
    uint16_t offset;          // Currently decoded, also the length of all headers
    uint16_t mbuf_type;       // Origin, DPDK, ...
    unsigned char* data;      // Pointer to data buffer
    unsigned char mbuf[OMNI_MBUF_SIZE]; // Origin data mbuf
    packet_header_t* header_tail;       // Pointer to tail of decoded packet headers
    packet_header_t headers[OMNI_MAX_HEADER_NUM];
        // Packet headers, include a reference to mbuf or header_data
    unsigned char header_data[OMNI_MAX_HEADER_NUM * OMNI_MAX_HEADER_LENGTH];
        // Raw paccket headers
    struct omni_packet_data* next;
        // Next packet in list, in order to support multi-packet return-value
    uint32_t custom_mask;     // Moudle can use this to attach other information
    void* custom_payload;     // Payload of custom_mask
} omni_packet_data_t;
```

大多数参数的意义是不言自明的，我们仅解释少数几个参数。`mbuf_type` 用于零复制时直接复用网卡 `mbuf`，此时需要保存网卡 `mbuf` 类型。`headers` 在 TX 时保存了指向 `header_data` 的指针，其中包含了原始的包头，其将在网卡发送时被组装成完整的数据包。而在 RX 时，`headers` 保存了指向数据包 `data` 段的指针，用于访问包头信息。`next` 参数用于将多个数据包连接成链表，这将支持模块返回多个数据包。`custom_mask` 与 `custom_payload` 可以暂时忽略，它们用于在模块间传递开发者定义的额外信息。

我们同样实现了一个高效的内存池来管理数据包，这包括：

```
omni_packet_data_t* packet_data_allocate(omni_mem_pool_t* pool);
void packet_data_free(omni_mem_pool_t* packet_pool, omni_packet_data_t* data);
omni_packet_data_t* packet_data_duplicate(omni_mem_pool_t* packet_pool,
    omni_packet_data_t* data);
```

如果有必要，应该使用上述函数来管理数据包。

图接口

OmniStack 将网络协议实现成图中的若干节点，一个 OmniStack 图节点包含如下成员：

代码 8.1（graph module）

```
typedef struct omni_graph_module {
    uint8_t (*filter)(omni_packet_data_t* data);
    omni_packet_data_t* (*main_logic)(void* handle, omni_packet_data_t* data);
    omni_packet_data_t* (*timer_logic)(void* handle, uint64_t t);
    void* (*init_module)(const char* name_prefix, uint32_t graph_id, uint32_t
            subgraph_id, omni_graph_config_t* graph_config, uint32_t index,
            omni_mem_pool_t* packet_pool, named_memory_handle_t* named_mem,
            named_memory_pool_handle_t* named_mem_pool);
    void (*destroy_module)(void* handle);

    uint32_t type;
    uint16_t max_burst;
    char name[CORE_MAX_NAME]; // name of this module
} omni_graph_module_t;
```

注意到这里使用 graph_module 而不是 graph_node，这是因为 graph_node 中还包含了图结构相关信息，如果不需要开发新的工作流模式，将不需要使用图结构相关信息。

每个模块包含五个预声明的成员函数以及三个成员变量。init_module 为该模块初始化时将被调用的函数，该函数将在图初始化时被调用。相应地，destroy_module 将在图销毁时被调用。每个模块应当在初始化时返回自己的上下文（handle）以便在之后的调用中被使用，该上下文由模块自定义，存储了该模块需要的状态信息。在 init_module 中包含多个参数，其含义分别为：

- name_prefix: 该模块在命名时应当包含的前缀，主要用于区别共享内存区域。
- graph_id: 该模块所在图的编号。
- subgraph_id: 该模块所在子图的编号。
- graph_config: 所在图的信息，一般仅被 IO 模块读取以创建网卡队列。
- index: 该模块在图中的编号，用于在图中包含相同模块时进行区别。
- packet_pool: 数据包的内存池。
- named_mem: 用于创建共享内存的内存池。
- named_mem_pool: 用于创建共享内存池的内存池。

main_logic 中应当包含该模块接收到一个数据包时进行的所有操作，并将处理完后的数据包返回。filter 用于过滤该模块接收到的数据包，将在执行 main_logic 前被调用，并返回一个 0/1 值。timer_logic 将每隔一定时间被调用 max_burst 次，用于支持计时器等操作。type 用于指示该模块对数据包的处理方式，包含：

```
GRAPH_MODULE_TYPE_RO     // 只读
GRAPH_MODULE_TYPE_RW     // 读写
GRAPH_MODULE_TYPE_OCC    // 捕获
```

该变量应该被正确设置以使得图的工作流能够正常进行。

虽然看起来很复杂，但实际编写协议时，可能并不需要关注如此多的信息，下面以一个简单的 802.3 包头解析为例进行介绍。

代码 8.2（graph module）

```c
omni_packet_data_t* eth_parser_main_logic(void* _handle,
    omni_packet_data_t* data){
    ethernet_header_t* eth_header = (ethernet_header_t*)(data->data +
        data->offset);
    data->offset += sizeof(ethernet_header_t);
    packet_header_t* eth = data->header_tail ++;
    eth->length = sizeof(ethernet_header_t);
    eth->data = (unsigned char*)eth_header;
    return data;
}
omni_graph_module_t eth_parser = {
    .name = "eth_parser",
    .type = GRAPH_MODULE_TYPE_RW,
    .max_burst = 0,
    .main_logic = eth_parser_main_logic,
    .filter = NULL,
    .timer_logic = NULL,
    .init_module = NULL,
    .destroy_module = NULL,
};
```

可以看到，它只需要实现 `main_logic`，在该函数中，它获取了以太网头的起始地址并将其保存在 `packet_header` 中以方便后续的访问。因此它是一个只读类型的模块，并且不需要实现 `main_logic` 外的其他成员函数。

图的构建　为了将实现好的多个节点连接成图，需要对图的结构进行描述。一个对图的描述主要包含两部分——其包含的节点信息以及边信息。下面通过一个例子来说明这个问题。

```
"name": "example"
"modules": ["ethernet", "ipv4", "udp"],
"edges": [
    ["ethernet", "ipv4"],
    ["ipv4, "udp"]
],
```

在这个例子中，声明了三个模块，分别是 `ethernet`、`ipv4` 和 `udp`，它们之间由两条有向边连接，分别是 `ethernet` 到 `ipv4` 和 `ipv4` 到 `udp`。所有的图的结构信息都以如上格式保存在 json 文件中。

图的工作流　OmniStack 允许管理员自定义图的工作模式，默认的工作流为 RTC 模式，即 Run-To-Complete 模式，也可以认为是 FIFO 模式。但是，一些研究表明，基于优先级的调度方式是更好的工作模式。OmniStack 支持在图上运行任意的工作模式，但开发新的工作流需要对 OmniStack 的各个组成部分有较为完整的了解，我们将不在这里介绍。

硬件接口

OmniStack 对不同的网卡硬件进行了统一的封装，定义了 IO 节点用于减少增加新的硬件支持时的工作量。一个 IO 节点包含以下内容：

代码 8.3（graph module）

```
typedef struct io_module_func {
    int (*load_module)(void);
    void* (*init_handle_up)(uint16_t nif, uint32_t stack_id);
    void* (*init_handle_down)(uint16_t nif);
    void (*destroy_handle_up)(void *ctx);
    void (*destroy_handle_down)(void *ctx);
    int (*start_iface)(uint16_t nif);

    void* (*get_wptr)(void *ctx, omni_packet_data_t* pkt, uint16_t len);
    int (*send_pkts)(void *ctx);

    void (*get_rptr)(void *ctx, omni_packet_data_t* pkt, uint16_t index);
    int (*recv_pkts)(void *ctx);

    int (*dev_ioctl)(void *ctx, int nif, int cmd, void *argp);
    void (*flow_redirect)(uint32_t src_ip, uint32_t dst_ip, uint16_t src_port,
        uint16_t dst_port, uint8_t ipproto);

    char name[CORE_MAX_NAME];
} io_module_func_t;
```

用户接口

OmniStack 支持增加新的用户 API，如当实现了一个全新的传输层协议时，需要相应的用户 API 来允许用户使用新协议。OmniStack 在设计时保持了和 BSD socket 的一致性以方便应用程序迁移到 OmniStack。一个用户 API 至少应当包括以下内容：

代码 8.4（graph module）

```
typedef struct omni_user_proto {
    void (*init)();
    int (*socket)();
    int (*bind)(int sockfd, const struct sockaddr *addr, socklen_t addrlen);
    void (*in_packet)(omni_packet_data_t* pkt);
    int (*close)(int fd);
    void (*clean)();
    int (*epoll_ctl)(int epfd, int op, int fd, struct epoll_event *event);
    ssize_t (*read)(int fd, void *buf, size_t count);
    ssize_t (*write)(int fd, const void *buf, size_t count);
    int (*fcntl)(int fd, int cmd, int flags);
} omni_user_proto_t;
```

我们将略去关于用户 API 的详细介绍。

8.3　实 验 内 容

8.3.1　实现简单的 UDP 协议栈

首先，我们将实现一个最基本的不包括任何特性的 UDP 协议。图 8.1 展示了我们将实现的图的拓扑。

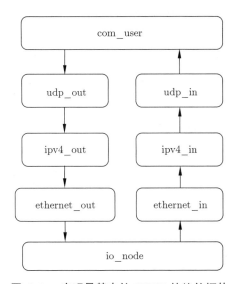

图 8.1　实现最基本的 UDP 协议的拓扑

图 8.1 将 udp、ipv4、ethernet 分别拆分为 in 和 out 两个模块。com_user 模块用于将数据传递给对应用户，我们定义了这个节点用于在用户未指定连接到的图中节点时执行默认的用户转发，这并不是必需的。io_node 模块用于和网卡交互进行数据收发。为了生成该拓扑，需要定义的图的描述文件如下：

```
"name": "simple_udp"
"modules": ["com_user", "io_node", "ethernet_in", "ethernet_out", "ipv4_in",
            "ipv4_out", "udp_in", "udp_out"],
"edges": [
    ["io_node", "ethernet_in"],
    ["ethernet_in", "ipv4_in"],
    ["ipv4_in", "udp_in"],
    ["udp_in", "com_user"],
    ["com_user", "udp_out"],
    ["udp_out", "ipv4_out"],
    ["ipv4_out", "ethernet_out"],
    ["ethernet_out", "io_node"]
],
```

定义了图的描述文件后，还要逐个实现声明的模块，下面仅介绍 udp 模块的实现，其他模块的实现是类似的。

代码 8.5（udp_in）

```
typedef struct udp_in_handle {
    omni_mem_pool_t* data_pool;
} udp_in_handle_t;


void* udp_in_init_module(const char* name_prefix, uint32_t graph_id,
        uint32_t subgraph_id, omni_graph_config_t* graph_config, uint32_t
        index, omni_mem_pool_t* packet_pool, named_memory_handle_t*
        named_mem, named_memory_pool_handle_t* named_mem_pool) {
    udp_in_handle_t* handle = cqstack_calloc(1, sizeof(udp_in_handle_t));
    handle->data_pool = packet_pool;
    return handle;
}


void udp_in_destroy_module(void* _handle) {
    cqstack_free(_handle);
}


static inline
uint16_t udp_in_checksum_ipv4(uint32_t src_ip, uint32_t dst_ip, uint16_t* data,
        uint16_t size){
    uint32_t checksum = (src_ip>>16) + (src_ip&0xffff) + (dst_ip>>16) +
            (dst_ip&0xffff);
    checksum += htons(IP_PROTO_TYPE_UDP) + htons(size);
    while (size > 1){
        checksum += *(data++);
        size -= sizeof(uint16_t);
    }
    if (size) checksum += *((uint8_t*)data);
    while (checksum > 0xffff) checksum = (checksum>>16)+(checksum&0xffff);
    return ((uint16_t)checksum);
}

omni_packet_data_t* udp_in_main_logic(void*_handle, omni_packet_data_t* data){
    udp_in_handle_t* handle = _handle;

    udp_header_t* udp = (udp_header_t*)((data->data) + (data->offset));
    packet_header_t* iph_l = data->header_tail - 1;
    ipv4_header_t* ipv4h = (ipv4_header_t*)iph_l->data;
    if (ipv4h->version == 4) {
        if (udp->chksum != 0 && udp_in_checksum_ipv4(ipv4h->src, ipv4h->dst,
                (uint16_t*)(data->data + data->offset), ntohs(udp->len))){
            packet_data_free(handle->data_pool, data);
            return NULL;
        }
    }
```

```
        packet_header_t* udph_l = data->header_tail ++;
        data->offset += sizeof(udp_header_t);
        udph_l->length = sizeof(udp_header_t);
        udph_l->data = (unsigned char*)udp;
        return data;
}

uint8_t udp_in_filter(omni_packet_data_t* data) {
        packet_header_t* iph_l = data->header_tail - 1;
        ipv4_header_t* ipv4h = (ipv4_header_t*)iph_l->data;
        if (likely(ipv4h->version == 4)) return ipv4h->proto == IP_PROTO_TYPE_UDP;
        return 0;
}

omni_graph_module_t udp_in = {
        .name = "udp_in",
        .main_logic = udp_in_main_logic,
        .type = GRAPH_MODULE_TYPE_OCC,
        .filter = udp_in_filter,
        .init_module = udp_in_init_module,
        .destroy_module = udp_in_destroy_module,
};
```

代码 8.6（udp_out）

```
uint8_t udp_out_filter(omni_packet_data_t* data){
        packet_header_t* ip = data->header_tail - 1;
        ipv4_header_t* ipv4 = (ipv4_header_t*)(ip->data);
        if (likely(ipv4->version == 4)) return ipv4->proto == IP_PROTO_TYPE_UDP;
        return 0;
}

omni_packet_data_t* udp_out_main_logic(void*_handle, omni_packet_data_t* data){
        packet_header_t* udp = data->headers;
        udp_header_t* udp_header = (udp_header_t*)udp->data;
        udp_header->len = htons(data->length + sizeof(udp_header_t));
        return data;
}

omni_graph_module_t udp_out = {
        .name = "udp_out",
        .main_logic = udp_out_main_logic,
        .type = GRAPH_MODULE_TYPE_RW,
        .filter = udp_out_filter,
};
```

　　简单起见，我们略去了 ipv6 相关代码。在 udp_in 中，我们检查了校验和，但在 udp_out 中并没有计算校验和，这是因为校验和计算时需要 IP 信息，因此需要在更下层进行计算。

8.3.2　实现基于字符串匹配的 IDS

我们将实现一个基于字符串匹配的 IDS 模块，并将其添加到 8.3.1 节中的 UDP 协议栈中。需要将图的描述文件修改为：

```
"name": "simple_udp_with_ids"
"modules": ["com_user", "io_node", "ethernet_in", "ethernet_out", "ipv4_in",
            "ipv4_out", "udp_in", "udp_out", "ids"],
"edges": [
    ["io_node", "ids"],
    ["ids", "ethernet_in"],
    ["ethernet_in", "ipv4_in"],
    ["ipv4_in", "udp_in"],
    ["udp_in", "com_user"],
    ["com_user", "udp_out"],
    ["udp_out", "ipv4_out"],
    ["ipv4_out", "ethernet_out"],
    ["ethernet_out", "io_node"]
],
```

同时，需要实现一个 IDS 模块。

代码 8.7（ids）

```
typedef struct ids_handle{
    omni_mem_pool_t* packet_pool;
    ids_automaton* automaton;
} ids_handle_t;

void* ids_init_module(const char* name_prefix, uint32_t graph_id, uint32_t
        subgraph_id, omni_graph_config_t* graph_config, uint32_t index,
        omni_mem_pool_t* packet_pool, named_memory_handle_t* named_mem,
        named_memory_pool_handle_t* named_mem_pool){
    ids_handle_t* handle = cqstack_calloc(1, sizeof(ids_handle_t));
    handle->packet_pool = packet_pool;
    handle->automaton = automaton_create();
    return handle;
}

void ids_destroy_module(void* _handle){
    ids_handle_t* handle = (ids_handle_t*)_handle;
    automaton_destroy(handle->automaton);
    cqstack_free(handle);
}

omni_packet_data_t* ids_main_logic(void* _handle, omni_packet_data_t* data){
    ids_handle_t* handle = (ids_handle_t*)_handle;
    uint32_t detected = automaton_search(handle->automaton, data->data +
            data->offset, data->length - data->offset);
    if (likely(detected == 0)) return data;
```

```
        LOG_WARN(ids, "detected aggressive packet!\n");
        packet_data_free(handle->packet_pool, data);
        return NULL;
    }

    omni_graph_module_t ids = {
        .name = "ids",
        .main_logic = ids_main_logic,
        .type = GRAPH_MODULE_TYPE_OCC,
        .init_module = ids_init_module,
        .destroy_module = ids_destroy_module,
    };
```

在该实现中，使用了一个自动机来进行字符串匹配，当检测到目标字符串时，丢弃
该数据包并输出一条警告。

8.3.3   实现 RTP 协议

RTP 协议是我们自定义的简单可靠的传输协议。下面将实现 RTP 模块，并将它添
加到图的定义中。

RTP 技术规范

每一个 RTP 报文都包含一个在 UDP 包头后的 RTP 头，格式如下：

```
typedef struct RTP_Header {
    uint8_t type;
    uint16_t length;
    uint32_t seq_num;
    uint32_t checksum;
} rtp_header_t;
```

为了简化操作，RTP 头里的所有字段的字节序均采用小端法表示，各个字段的释义
如下：

- `type`: 标识了一个 RTP 报文的类型 0: START、1: END、2: DATA、3: ACK。
- `length`: 标识了一个 RTP 报文数据段的长度（即 RTP 头后的报文长度），对
  于 START、END、ACK 类型的报文，长度为 0。
- `seq_num`: 序列号，用于按序到达。
- `checksum`: 由 RTP 头以及 RTP 报文数据段基于 32-bit CRC 计算出的校验和。

RTP 协议在建立连接时，由 sender 首先发送一个 type 为 START，且 `seq_num` 为
随机值的报文，此后等待携带相同 `seq_num` 的 ACK 报文，收到 ACK 报文后即建立连
接。对于接收者，在收到 START 报文时，建立连接并回复 ACK 报文。完成连接的建
立后，所有要发送的数据由 DATA 类型的报文进行传输。发送方的数据报文的 `seq_num`
从 0 开始每个报文增加 1。在终止连接时，由发送方发送一个 type 为 END 类型的报
文，其 `seq_num` 应当与下一个报文的 `seq_num` 相同，在接收到携带相同 `seq_num` 的
ACK 报文后即断开连接。

　　RTP 协议采用滑动窗口机制实现可靠传输，窗口大小 window_size 作为参数，用于保证当前正在传输且没有被 receiver 确认的报文数量不超过 window_size 。对于未被确认的报文，RTP 使用一个 100ms 的计时器，当计时器触发时，重传当前窗口中所有的 DATA 报文。当收到一个新的 ACK 报文时，计时器重置。

　　对于接收者，当收到一个报文时，首先检查 checksum 并丢弃错误的报文。对于收到的 START 与 END 报文，应当发送一个 ACK 报文，其 seq_num 与接收到的报文相同。对于收到的 DATA 报文，应当发送一个 ACK 报文，该报文的 seq_num 为当前期望收到的下一个 DATA 报文的 seq_num。当收到 DATA 报文时，假设当前期望收到的下一个报文的 seq_num 为 N，若收到报文的 seq_num 为 M，则

- 若 M > N + window_size，丢弃该报文。
- 若 N < M ⩽ N + window_size，接收并缓存该报文，发送一个 seq_num = N 的 ACK 报文。
- 若 M < N，发送一个 seq_num = N 的 ACK 报文。
- 若 M = N，接收该报文，并发送一个 seq_num = K 的 ACK 报文，这里的 K 为窗口内尚未收到报文的 seq_num 的最小值。

　　提示 8.1　本章内容参考代码位于代码仓库 OmniStack-edu 中。可以在虚拟机或实体机上将仓库复制到本地进行实验。有关 OmniStack 的配置与运行方式参见项目 OmniStack-edu::README。

## 第 9 章

网络测量：OmniSketch

9.1 实 验 目 的

经过前面的学习，我们已经深入了解了计算机网络的结构、性质，以及一些广泛应用的算法与工具。在本章中，我们将介绍近年来网络领域比较火的研究方向——网络测量以及 Sketch 算法。通过本章的学习，我们将进一步了解计算机网络在运行时的一些常见问题，以及针对这些问题进行检测的手段。我们将在 OmniSketch 提供的模拟数据流环境下进行 Sketch 算法的开发和测试工作。

9.2 实 验 内 容

9.2.1 网络测量简介

随着互联网用户数量的迅速增长，网络中的流量大量增加。例如，互联网的流量在1995—2000 年从零增长到所有流量的 80%[1]。为了跟上不断增长的流量需求，网络的规模和复杂性都在不断增长（互联网骨干网不断升级以提供更大的容量，并且使用不断更新的网络技术）。网络流量本质上是多种多样的，并且行为不断变化。因此，深入了解网络行为对于诊断复杂网络问题变得至关重要，网络测量由此而诞生。简单来讲，网络测量即按照一定的技术与方法，利用软硬件工具实现对网络性能指标的监测。网络管理员可根据测量结果做出反应，进而限定和量化网络的使用方式以及网络的行为方式。

网络测量针对网络状态、性能以及网络中的流量信息进行监控，在改善网络性能、安全风险评估、入侵检测与防护等方面具有重要意义。例如，监测报文延迟，可以判断一个网络应用是否能够快速响应用户请求[2]；监测某个目的 IP 等访问基数（cardinality）估计，可以判断该 IP 是否遭受 DDoS 攻击[3] 等。

网络测量主要分为以下两类：被动测量与主动测量。在被动网络测量（如图 9.1 所示）中，通过在网络的关键位置设置测量设备来收集数据，网络流量信息在经过这些设备时被收集[4]。也就是说在被动测量中，不会人为地向网络引入或生成新流量。因此，被动测量对网络性能和测量分析没有影响。网络设备收集到网络流量后，可将流量信息上传至控制端（服务器、数据库等）进行存储并实时分析。被动测量的一个基本挑战是收集的数据量。收集和分析数据所需的设备可能非常昂贵，因为它们必须能够处理和保存所有收集到的数据。因此，对于被动测量来说，在保持足够的测量精度的同时，最大限度地减少测量设备的数量和收集的数据量是至关重要的。能够减少数据量的方式有很多，例如，收集网络数据包时，可以去除与网络测量无关的数据；可以通过采样的方式对数据进行采集与估算，也可以用 Sketch 等数据结构与算法进行收集。流（flow）统计是一类特殊的被动测量任务。它将网络中具有某些相同性质（如相同源 IP、目的 IP 等）的报文看作一条流。通过对网络中每一条流进行整体分析，可以判断出网络中流量的基本信息，如流的大小（频率）[5]、流的基数 [6]、熵 [7]、大流估计 [8] 等。

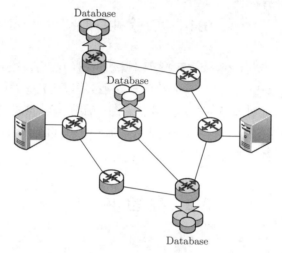

图 9.1　被动测量

主动测量是通过将探测报文推送到网络中来执行 [9]。探测报文专为某个测量任务而设计，可以通过这些注入的流量来分析网络性能。例如，流的吞吐量可用于估计网络带宽，报文的延迟可用于分析网络的端到端延迟。通常，主动测量执行端到端类型的测量。主动测量有两个基本缺点：首先，用于测量网络的探测包也会给网络带来额外的流量；其次，由于探测报文消耗网络资源，测量过程本身可能会通过降低网络性能来影响测量结果。但是，主动测量相比于被动测量也有其优势：首先，它不需要大量磁盘空间来收集网络数据包数据；其次，由于被动测量取决于网络中现有的流量，因此如果该链

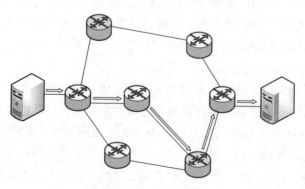

图 9.2　主动测量

接或路径中碰巧没有现有的自发流量，则主动测量可能是测量特定链接或两个特定主机之间的路径的唯一方法。主动测量的关键目标之一是找到能够测量网络中所有链路的最小探测数据包数量。为了有效地测量所有网络链路，选择最佳探测主机（即充当数据包信标的主机）也是问题的重要部分。该问题已被证明为 NP-Hard [10]。常见的主动测量技术有 PingMesh [9]、NetBouncer [11] 等。

9.2.2 Sketch 简介

Sketch 是流式数据处理的常见算法。由于网络流量也呈现出流式数据的特点，近年来，Sketch 被广泛应用于网络领域以解决网络测量中的各种问题。Sketch 是一系列近似算法，通过牺牲一定精度来减少数据结构的内存、计算开销。通常来讲，Sketch 用一种紧凑的次线性数据结构来近似记录网络中流的信息，并提供了良好的理论保证。试想一下，如果为网络中每条流分配一个计数器（一定内存空间）用于记录其信息，网络中巨大的流量势必会造成庞大的内存开销。然而，Sketch 允许多条流共享同一个计数器（内存空间）。在理论保证估计错误率的前提下，它显著减少了网络测量所需要的内存开销。

Sketch 的数据结构由一定数量的计数器组成。每一个计数器都与一条或几条流相关联。我们使用独立的哈希函数将每条流的键对映射到计数器。为了估计某条流的值，以相同的哈希定位到相关计数器，并通过一些数学分析和计算得到估计。不同的 Sketch 设计适合不同的测量任务。

以 Count-Min Sketch [12] 进行流量大小统计为例，对 Sketch 的基本操作进行解释，如图 9.3 所示，Count-Min Sketch 是一个具有 d 行和 w 列的计数器数组。每一行都有一个独立的哈希函数。对于每条流，Count-Min Sketch 使用 d 个哈希函数将键映射到 d 行的 d 个计数器中（即每行一个计数器），并对每个计数器加 1。估计某条流的大小时，Count-Min Sketch 首先以相同的 d 个哈希函数定位 d 个计数器，然后将这些计数器中的最小值作为估计值（很显然，这些计数器只会对结果高估，不会低估，所以选最小值而不是其他值是一种更优的策略）。在 w 和 d 的适当设置下，可证明 Count-Min Sketch 有很大概率产生有界误差。

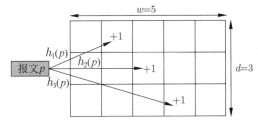

图 9.3　Count-Min Sketch

9.2.3 编程框架

日益丰富的 Sketch 算法激励我们使用统一的实验环境来评估不同 Sketch 算法的性能优劣。另外，尽管 Sketch 算法的结构千差万别，各类 Sketch 算法的测评都离不开数据流处理的环境，并且在实现上离不开高性能的哈希运算以及对数据报文键值信息的提取。在此基础上，我们基于 C++ 编写了 OmniSketch 这一专门用于 Sketch 算法的设计、模拟和测试的平台，以期使 Sketch 的算法实现更加高效且准确。其特点如下：

- 它已集成了数十种主流的 Sketch 算法。功能模块的复用使得这些算法的实现和测试都只需要极少的码量。
- 它的测试阶段是一个自动测试框架。它自动收集用户所关心的性能指标（如误差或者吞吐量），并反馈给用户。
- 它包含一个数据流处理的前端，可以将用户提供的抓包文件自动转换为 OmniSketch 需要的数据流输入。
- 它支持用户以多种格式定义数据流，如 TCP/UDP 五元组或者源目 IP 地址的二元组。
- 它的主要模块均高度可拓展并且可移植。OmniSketch 目前基于 CMake 构建系统，适用于 Windows、MacOS 和 Linux 平台。

本节中，我们先介绍 OmniSketch 的工作原理和设计模块，然后将在 OmniSketch 实现一个经典的 Sketch 算法：Elastic Sketch [13]。其完整的介绍请见项目文档① （本章中提及的"项目文档"均指代此文档）。

OmniSketch 的模版包含前端、核心模块和后端三部分。首先，前端进行数据流的处理并提供模拟的数据流环境。它将用户提供的抓包文件转换成 OmniSketch 可以直接使用的数据流格式。相比于原始的抓包文件，OmniSketch 直接记录了各个报文的流键和流值（如报文长度），并且丢弃 Sketch 算法一般所不需要的报文内有效载荷的信息。其次，核心模块封装了实现 Sketch 算法所需要的工具仓库。它包含一个配置模块和 Sketch 功能模块。配置模块从用户提供的配置文件中读取当前 Sketch 测试的配置信息。这些配置信息包括本次测试使用的数据流文件、Sketch 的配置参数以及需要 OmniSketch 框架收集并反馈的性能指标。Sketch 功能模块抽取了常用的哈希运算等工具，便于 Sketch 的实现。另外，功能模块还规范了 Sketch 的接口格式。OmniSketch 为不同的网络测量任务规定了不同的接口格式，如用于每流大小估计和寻找 heavy hitter 的 Sketch 的接口格式是不一样的。一个 Sketch 算法可以同时具有不同的接口格式，并在相应测量任务中使用相应的接口格式。最后，OmniSketch 的后端是一个自动测试框架，它封装了不同的测试任务并提供了相应的性能指标。它根据前端的数据流输入以及核心模块包含的 Sketch 实现来执行相应的测试任务并反馈性能指标的测试结果。在实验环节，尽管只需要对核心模块加入 Elastic Sketch 的拓展，但是为了完整起见，依然介绍其余模块。

前端

前端是一个称为 PcapParser 的可执行程序。它从一个 TOML 格式的配置文件中

---

① https://n2-sys.github.io/OmniSketch/index.html.

读取数据流的有关配置并产生后端测试能够直接使用的数据流文件。OmniSketch 之所以选择 TOML 语言是因为它支持嵌套的表格和多种数据格式，因此能很好地表示结构化的复杂参数。有关 TOML 语言的入门介绍参见在线教程[①]。这里举一个常用的 PcapParser 的配置文件的例子。

```
[PcapParser]
  # The maximum number of flows being processed
 flow_count = 1e6
  # Berkeley packet filters (BPF)
 filter = "ip && (tcp || udp)"
  # Input captured file
 input = "../../OmniSketch_Ori/data/data-1M.pcap"
  # Output data stream file
 output = "../data/stream-1M.bin"
  # flowkey format
 format = [["flowkey", "timestamp"], [8, 8]]
```

这里 [PcapParser] 表明该表用于配置的对象是 PcapParser 程序。flow_count 的值设置 PcapParser 仅从抓包文件中读取至多 10^6 个流。filter 的值是一个布尔表达式，仅使其为真的报文将进入数据流文件。通常用 filter 来过滤一些不感兴趣的包，比如 ARP 或者 DHCP 请求。filter 使用与 Berkeley 报文过滤器[②]相同的语法。input 指定了抓包文件，目前 PcapParser 能处理的抓包文件格式包括 PCAP 和 PCAPNG。output 指定了生成的数据流文件的地址。最后，format 指定了每个通过 filter 的包作为键值对的存储格式。例如，本配置下中每个包都需要 $8+8=16$ 字节进行表示，其中开始的 8 字节存储流键的信息，而后 8 字节存储抓取到该包的时间戳。请注意，这些配置的名字都是 PcapParser 内定义好的，仅其值可以被设置。更多配置的名字、含义和可能取值请见项目文档。

核心模块

配置模块同样要求用户的配置文件以 TOML 格式编写。以 Count-Min Sketch 为例，如下是它在配置文件中一个可能的设置。

```
[CM] # Count-Min Sketch
  [CM.data]
    cnt_method = "InLength"
    data = "../data/records.bin"
    format = [["flowkey", "timestamp"], [8, 8]]
  [CM.configration]
    depth = 3
    width = 100000
  [CM.test]
    query = ["ARE", "AAE"]
```

---

① https://toml.io/en.
② https://en.wikipedia.org/wiki/Berkeley_Packet_Filter.

第一行的 [CM] 标识这一表格所要配置的任务将使用于 Count-Min Sketch。三个子表格分别对应测试使用的数据流文件 ([CM.data])、Sketch 的配置参数 ([CM.configration]) 以及性能指标 ([CM.test]) 三部分。数据流文件子表 [CM.data] 中，cnt_method 设置按照报文长度统计每流大小；data 设置了所用的数据流文件；format 指定了流键的格式。配置参数子表 [CM.configuration] 指定了 Sketch 采用一个 3×10^5 大小的计数器矩阵进行统计。性能指标子表 [CM.test] 中指定了查询阶段用户关心的两个指标，分别是 ARE 和 AAE。其他常见的性能指标也被 OmniSketch 框架支持，可以选择性地加入到这个列表中。

OmniSketch 不对这部分 TOML 配置文件的结构和变量名称作任何假定，因为不同 Sketch 需要的表目千差万别。用户根据需要自行编写配置文件，并在代码中读取相关的配置。OmniSketch 提供了一个名为 ConfigParser 的类来极大地简化配置文件的读取。具体地，任何时刻它都有且仅有一个工作表格，就像 Shell 会话的工作目录一样。用户只需修改它的工作表格，并提供需要读取的配置名称，ConfigParser 就能根据其值读取各种格式的数据，从整型、字符串到列表甚至字典都不一而足。关于其 API 的具体格式请见项目文档。

Sketch 功能模块是一系列工具和 Sketch 接口规范的集合。代表性的工具是哈希函数，它位于 OmniSketch::Hash 这一命名空间中。需要时 Sketch 导入该哈希模块并调用相应工具即可。其余工具还包括素性测试、数据流操纵工具等，具体的信息也请见项目文档。Sketch 接口规范要求所有 Sketch 从一个基类 SketchBase 中派生。这个基类 SketchBase 囊括了各种测试任务需要的接口规范，并将它们定义为虚函数。用户实现的 Sketch 算法只需继承该类然后重载它们的操作。例如，插入数据报文时，根据 Sketch 是否需要流值设置两种接口：void update(const FlowKey<key_len> &flowkey, T val) 插入一个键值对，而 void insert(const FlowKey<key_len> &flowkey) 仅插入流键。同样，做查询时不同的测量任务也有各自的接口类型。用户在派生出的 Sketch 类型里对这些接口内的具体操作借助 OmniSketch 提供的工具进行实现。

这里限于以 Count-Min Sketch 为例来介绍其功能模块的编写。以下仅列出它的公有方法，省略了其成员、私有方法和模板头。实现 Elastic Sketch 时，这也是一个很好的参考。

```
namespace OmniSketch::Sketch {

class CMSketch : public SketchBase {
public:
  /// Constructor
  CMSketch(int32_t depth, int32_t width);
  /// Destructor
  ~CMSketch();
  /// Update Method
  void update(const FlowKey<key_len> &flowkey, T val) override;
  /// Query method
  T query(const FlowKey<key_len> &flowkey) const override;
```

```
  /// Size
  size_t size() const override;
  /// Reset the sketch
  void clear();
};

} // namespace OmniSketch::Sketch
```

凡是有 override 标识符的方法都是重载了基类的虚函数。在 CMSketch 的例子中，使用到的接口规范包括 update、query 和 size，分别表示键值对插入、单流查询以及查询内存开销。除此以外，CMSketch 还提供了一个 clear 操作用来重置 sketch。以 update 为例，用户在这一函数中提供的算法实现如下：

```
void CMSketch::update(const FlowKey<key_len> &flowkey, T val) {
  for (int32_t i = 0; i < depth; ++i) {
    int32_t index = hash_functions[i](flowkey) % width;
    counter[i][index] += val;
  }
}
```

后端

后端包含一系列测试任务和对应的性能指标。它们都定义在 Omnisketch::Test 这个命名空间里。具体地，我们提供了一个称为 TestBase 的基类，每个用户实现的 Sketch 用来测试时都应该从 TestBase 派生出自己的测试类。每个测试任务都对应 TestBase 的一个接口，如数据流的插入和插入后查询 Sketch 是两个不同的接口。不同的接口内也支持不同的性能指标。请注意，这些接口无须用户重载，因为测试的具体方法已经在 Sketch 的功能模块中被派生并重载。例如，TestBase 有一个名为 testUpdate 的接口，它调用用户重载的 update 方法来依次插入数据流的包并收集性能指标，如吞吐量。通过扩展测试接口，用户也可以实现自定义的测试任务。

我们仍然以 Count-Min Sketch 为例讲解其后端。以下仅列出它的公有方法，省略了其成员、私有方法和模板头。

```
namespace OmniSketch::Test {

class CMSketchTest : public TestBase {
public:
  /// register the config file to parse
  CMSketchTest(const std::string_view config_file);
  /// The test procedure
  void runTest() override;
};

} // namespace OmniSketch::Test
```

　　CMSketchTest 在构造函数中注册 ConfigParser 将要读取的配置文件 config_file。读取配置将作为测试开始的第一项进行。测试逻辑位于 runTest 函数中,不同的 Sketch 对它有不同的实现。以 CMSketchTest 的 runTest 为例,它用到了数据流插入 (testUpdate) 和查询 (testQuery) 方法。此处对代码进行了简化,以淡化次要的细节。

```
void CMSketchTest::runTest() {

  /// Parse the config file
  Util::ConfigParser parser;
  // declare a bunch of variables to parse and use ConfigParser to parse it
  // ... [omitted]

  /// Prepare the sketch and the streaming data
  // initialize a sketch using the parsed configurations
  std::unique_ptr<Sketch::SketchBase> ptr(
      new Sketch::CMSketch(depth, width));
  // parse the streaming data and get the ground truth
  StreamData data;
  Data::GndTruth gnd_truth;
  gnd_truth.getGroundTruth(data.begin(), data.end());

  // insert the data to the sketch
  this->testUpdate(ptr, data.begin(), data.end());
  // per-flow query (compare with the ground truth)
  this->testQuery(ptr, gnd_truth);
  // get the size
  this->testSize(ptr);
  // show the metrics
  this->show();

  return;
}
```

　　测试首先读取了配置,然后声明了一个 CMSketch 对象并赋给基类的指针 ptr.SketchBase。基类里虚函数的定义使得 ptr 可以直接调用派生类的函数。然后,测试代码准备好了数据流文件,它在运行时被表示为类 StreamData。因为稍后计算性能指标需要数据流查询的正确答案,所以在数据流中准备好查询结果的真实值,记录在 GroundTruth 里面。请注意,StreamData 和 GroundTruth 都是 OmniSketch 提供的工具,用户无须单独实现。接下来,首先用基类的 testUpdate 函数插入这段数据流到 Sketch 中;再用 testQuery 做每流查询并和真实结果比较。这两个函数也是 TestBase 中已实现的测试例程,用户无须单独实现。最后,通过基类的 show 将性能指标直接打印出来或者格式化地存储进文件。

9.2.4　实现并测试 Elastic Sketch

　　我们将在 OmniSketch 框架下快速实现并测试一个结构相对简单并且性能优秀的经

典 Sketch 算法：Elastic Sketch[①]。它是一个基于分离大小流思路的 Sketch 算法，数据结构上包含一个用于记录大流信息的哈希表和一个记录被哈希表剔除的小流信息的 CM Sketch。可以使用它进行每流大小的查询任务。为此，我们将在功能模块中定义如下 ElasticSketch 类。这里提供了它的骨架，需要读者实现的细节已经用 TODO 的字样注明。读者可以依据需要增加其他方法。

```cpp
class ElasticSketch {
private:
// TODO: data structure for the heavy part
// Hint:  1. You need to define a struct for a hash table entry.
//        2. Record the flow ID with the type `FlowKey<key_len>`.
//        3. Other variables in the struct should be declared with the types
//           consistent with the template header.

// Data struct for the light part: reuse CMSketch
CMSketch cm;

public:
// TODO: provide a constructor for the class
// Hint: Remember to include all the configurations.

// TODO: implement the update method
// Hint:1.Implement the update method for the heavy part. You may define a new method.
//      2.Note that you don't have to implement the light method for the heavy part;
//        reuse CMSketch::update().
//      3.Implement the eviction policy of elastic sketch(Case 3 and 4 of Section3.1)
void update(const FlowKey<key_len> &flowkey, T val);
// TODO: implement the query method
// Hint:1.Implement the query method for the heavy part
//      2.Implement the logic for combining the queried results from the two parts.
T query(const FlowKey<key_len> &flowkey) const;
// TODO: return the size of the sketch
// Hint:1. Do not forget to account for the space of hash functions
size_t size() const;
}
```

在测试部分，由于 Elastic Sketch 和 CM Sketch 有同样的测试步骤，因此只需调整需要从配置文件中读取的参数。可以模仿 CMSketchTest 中的逻辑来实现 ElasticSketchTest。这里的细节也作为实验环节的一部分留作思考。为了运行新增的 Sketch 算法，需要将它加入到 CMakeLists.txt 中去。建议模仿该文件中已有的目标来加入新的构建目标。此时，已经可以通过命令 cd build && cmake .. && make 来构建得到 Elastic Sketch 的可执行程序（假设名字叫作 ES，它是在 CMakeLists.txt 中指定的）。为了测试它的性能，尚需利用 PcapParser 得到一段数据流文件作为输入，并且将它加入到 TOML 文件合适的位置。这样，就能够使用命令 ./ES 来运行测试后端并打印出感兴趣的性能指标。

---

① https://conferences.sigcomm.org/events/apnet2018/papers/elastic_sketch.pdf.

参 考 文 献

[1] ZIVIANI A. An overview of internet measurements: fundamentals, techniques, and trends[J]. African Journal of Information & Communication Technology, 2006, 2(1): 39-49.

[2] KOMPELLA R K, LEVCHENKO K, SNOEREN A C, et al. Every microsecond counts: tracking fine-grain latencies with a lossy difference aggregator[J]. ACM SIGCOMM Computer Communication Review, 2009, 39(4): 255-266.

[3] TANG L, HUANG Q, LEE P P C. Spreadsketch: toward invertible and network-wide detection of superspreaders[C]. In IEEE INFOCOM 2020-IEEE Conference on Computer Communications, 2020, 1608-1617.

[4] WANG H T, SONG L H, CHEN H, et al. Study on network measurement technologies and performance evaluation methods[C]. In 2013 Cross Strait Quad-Regional Radio Science and Wireless Technology Conference, 2013, 377-380.

[5] LU Y, MONTANARI A, PRABHAKAR B, et al. Counter braids: a novel counter architecture for per-flow measurement[J]. ACM SIGMETRICS Performance Evaluation Review, 2008, 36(1): 121-132.

[6] WHANG K Y, VANDER-ZANDEN B T, TAYLOR H M. A linear-time probabilistic counting algorithm for database applications[J]. ACM Transactions Database Systems, 1990, 15(2): 208-229.

[7] HARVEY N J I, NELSON J, ONAK K. Sketching and streaming entropy via approximation theory[C]. In Proceedings of FOCS, 2008.

[8] SIVARAMAN V, NARAYANA S, ROTTENSTREICH O, et al. Heavy-Hitter detection entirely in the data plane[C]. In Proceedings of ACM SOSR, 2017.

[9] GUO CH X, YUAN L H, XIANG D, et al. Pingmesh: a large-scale system for data center network latency measurement and analysis[C]. In Proceedings of the 2015 ACM Conference on Special Interest Group on Data Communication, 2005, 139-152.

[10] CHAUDET C, FLEURY E, LASSOUS I G, et al. Optimal positioning of active and passive monitoring devices[C]. In Proceedings of the 2005 ACM Conference on Emerging Network Experiment and Technology, 2005, 71-82.

[11] TAN CH, JIN Z, GUO CH X, et al. NetBouncer: active device and link failure localization in data center networks[C]. In 16th USENIX Symposium on Networked Systems Design and Implementation (NSDI 19), 2019, 599-614.

[12] CORMODE G, MUTHUKRISHNAN S. An improved data stream summary: the count-min sketch and its applications[J]. Journal of Algorithms, 2005, 55(1): 58-75.

[13] YANG T, JIANG J, LIU P, et al. Elastic sketch: adaptive and fast network-wide measurements[C]. In Proceedings of the 2018 Conference of the ACM Special Interest Group on Data Communication, 2018, 561-575.

第 10 章

移动应用位置服务

在移动互联网时代，用户可以通过 Wi-Fi 或蜂窝网络连接，从智能手机或平板电脑上安装的移动应用，随时随地访问和接入互联网。在世界很多地方，智能手机已成为唯一的上网设备。移动互联网接入主要是通过蜂窝电话服务提供商或移动无线网络来完成。当移动用户带着他/她的设备在服务区移动时，移动互联网接入可以在多个蜂窝网基站（或者多个 Wi-Fi 路由器）之间切换。移动设备接入的方式也多种多样，可以是智能手机接入蜂窝网络，也可以是智能平板电脑接入 Wi-Fi 网络，或者带有 4G/5G 网卡的物联网设备接入蜂窝网络。

移动应用是在手机、平板电脑或手表等移动设备上运行的计算机程序或软件应用程序。移动应用区别于传统的在台式计算机上运行的桌面应用程序，或在移动网络浏览器中而不是直接在移动设备上运行的网络应用程序。移动应用最初旨在帮助提高工作效率，如手机电子邮件、日历、短消息、股票市场和天气信息。然而，公众需求和开发工具的可用性推动了其向其他类别的快速扩张，如手机游戏、社交网络、音视频、导航和基于位置的服务、电商、外卖和超市买菜等。因此，现在市面上流行的不止有数百万个移动应用。移动应用通常从应用程序商店（一种移动应用的分发平台）下载。随着应用商店提供的移动应用数量不断增加以及智能手机功能的改进，人们正在将更多移动应用下载到他们的设备上。移动应用的使用在智能手机用户中变得越来越普遍。

绝大多数的移动应用都具备位置服务，即通过某种信号进行移动设备"定位"，获得移动设备所在地理位置的经纬度等信息。移动应用位置服务可以很好地服务于诸多移动应用，如基于地理位置的兴趣点（point of interest）推荐，社交网络应用中用户位置记录，运动应用中用户位置记录。移动设备上的 Wi-Fi、4G/5G、蓝牙等无线信号都可以用来进行定位，本章将介绍如何利用 Wi-Fi 信号进行简单的三点定位，包括如何进行实验配置，实验场景的部署，三点定位方法，以及实验结果的可视化展示。读者可以根据自身的移动设备信号类型，设计不同的实验配置，以及定位方法。

10.1 实 验 目 的

基于位置的服务（Location Based Service，LBS）是一个通用术语，表示使用地理数据和信息向用户提供服务或信息的软件服务。基于位置的服务可用于各种环境，如健康、室内对象搜索、娱乐、工作、个人生活等。基于位置的服务的常用示例包括导航软件、社交网络服务、基于位置的广告和跟踪系统。基于位置的服务还可以包括移动商务，采用优惠券或基于客户当前位置的广告形式。基于位置的服务还包括个性化的天气服务，甚至是基于位置的游戏。基于位置的服务对于所有商业和政府组织来说至关重要，可以从与活动发生的特定位置有关的数据中获得用户行为。与位置有关的数据和服务可以提供的空间模式是其最强大和最有用的优势之一，其中位置是所有这些活动的共同点，可以用来更好地理解用户行为模式和用户关联关系。

移动设备都配备了 Wi-Fi 和蓝牙接收器，同时在室内环境中 Wi-Fi 网络已经作为网络基础设施广泛部署。本实验将介绍如何通过室内无线信号来完成对移动设备的定位，如何通过进行实验环境配置和部署、信号滤波与定位方法设计以及实验结果可视化展示，这三个步骤来展示一个基本的定位服务系统。

10.2 实验环境配置

在室内环境中，如何对设备进行定位是个难题。在室内，由于受到建筑物的遮挡，常用的 GPS 定位不可用或是精度过低。但是在室内环境中，存在大量的网络信号，比如 Wi-Fi 和蓝牙信号。这些网络信号的强度会随着距离衰减。根据接收到的信号强度，可以计算出到信号发出端的距离。于是，可以通过在室内布置多个网关，得到目标设备到网关的距离，进而根据已知的网关位置，计算出目标设备的位置。

在本实验中，作为示例我们选定了一种较为传统的实验设置，即三点定位 [1]；实验人员可以选择其他设置，也可以实现类似的效果。使用三个 Wi-Fi 探针 ① 嗅探目标设备的 Wi-Fi 信号强度，放在房间的三个角落，利用三点定位算法对目标设备进行定位。我们将个人计算机作为服务器，手机热点作为局域网，另一台手机作为定位的目标设备。Wi-Fi 探针每隔一段时间会将嗅探的 Wi-Fi 信号强度以 json 包的格式发送到服务器。json 包中含有 Wi-Fi 探针自身 MAC 地址、嗅探到的移动设备的 MAC 地址以及 RSSI 强度。通过对 json 包进行解析，就能获取所需的数据。同时，在实验中我们观察到 Wi-Fi 探针嗅探到的 RSSI 强度并不稳定，即使目标设备静止不动，RSSI 强度也会波动。于是，可以通过去除离群值和滤波方法对 RSSI 强度进行平滑处理。在利用三点定位算法计算出目标设备的位置后，将目标设备的位置以及时间作为一个条目插入 SQL 数据库中。图 10.1 展示了这一过程。

10.3 实 验 内 容

10.3.1 信号滤波与定位算法

滤波：由于障碍物遮挡以及信号多次反射等原因，Wi-Fi 探针嗅探到的 RSSI 强度波动很大，且偶尔会有超出范围的离群值。对此，可以先对 RSSI 强度进行离群值剔除。

---

① Wi-Fi 探针设备：成都数据天空科技有限公司，型号 DS006/DS006N/DS00S.

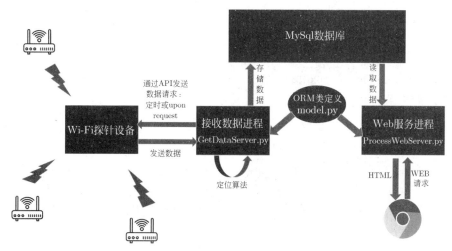

图 10.1　本实验中三个 **Wi-Fi** 探针嗅探目标设备的 **Wi-Fi** 信号强度，然后将该数据上传到局域网的服务器数据库中；同时用户可以通过 **Web** 请求来查看数据库中的目标设备的位置

我们设置了 RSSI 强度的阈值，该阈值对应的距离为实验场所的最大距离。对于大于该阈值的 RSSI 强度，可以直接剔除。另外，我们对每一个 Wi-Fi 探针维护了一个数组保存最近收到的多个 RSSI 强度，该数组采用 LRU 的替换策略。

RSSI 强度到距离的转换：在室内场景中，对无线 Wi-Fi 信号的路径损耗模型中的参数进行实际测量与设定。

$$\text{RSSI} = -43.277 - 35.38\lg(d)$$

该路径损耗模型可以较好地模拟实际观测值。

定位算法：设计一种简单的基于三点定位的轻量级的定位算法模型，通过几何运算获取设备位置信息。设目标设备位置为 t，三个 Wi-Fi 探针的位置分别为 p_1、p_2、p_3，目标设备到三个 Wi-Fi 探针的距离分别为 r_1、r_2、r_3。首先建立新的坐标系。取 p_1 为坐标系原点，(p_1, p_2) 为 x 轴正方向，(p_1, p_3) 垂直于 x 轴分量为 y 轴正方向。设目标设备在新的坐标系中的坐标为 (x, y)。

在三角形 $p_1 p_2 t$ 中利用余弦定理可得

$$x = \frac{r_1^2 + (|(p_1, p_2)|)^2 - r_2^2}{2|(p_1, p_2)|}$$

在三角形 $p_1 p_3 t$ 中利用余弦定理可得

$$(p_1, p_3) \cdot (p_1, t) = \frac{r_1^2 + (|(p_1, p_3)|)^2 - r_3^2}{2}$$

$$y = \frac{r_1^2 + (|(p_1, p_3)|)^2 - r_3^2}{2j} - \frac{ix}{j}$$

示例代码如下：

代码 10.1

```python
def trilateration(p1, p2, p3, r1, r2, r3):
    p2p1Dis = np.linalg.norm(p1 - p2)
    ex = (p2 - p1) / p2p1Dis
    aux = p3 - p1
    i = np.dot(ex, aux)
    aux2 = p3 - p1 - i * ex
    ey = aux2 / np.linalg.norm(aux2)
    j = np.dot(ey, aux)
    x = (r1 ** 2 - r2 ** 2 + p2p1Dis ** 2) / (2 * p2p1Dis)
    y = (r1 ** 2 - r3 ** 2 + i ** 2 + j ** 2) / (2 * j) - i * x / j
    ans = np.array([p1[0]+x*ex[0]+y*ey[0], p1[1]+x*ex[1]+y*ey[1]])
    return ans
```

10.3.2 定位结果展示

在一个 4m×2.4m 的区域内进行实验，如图10.2所示。为该区域建立坐标系后，三个 Wi-Fi 探针分别放在 (0m, 0m)、(4.2m, 0m)、(4.2m, 2.4m) 的位置。随后，选取 8 个位点（图中圆形 1～8 所标记的位置）按顺序依次进行定位，定位结果显示在图中方形 1～8 所标记的位置。通过数值进行误差分析的结果如表 10.1 所示。可以看到，Wi-Fi 探针定位算法的误差为 0.15～0.85m，平均误差为 0.51m。从结果可以看出，算法预测的

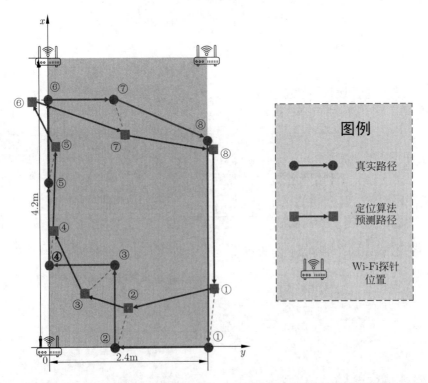

图 10.2　本实验在一个 4m×2.4m 的区域内进行，用户手持移动设备按照图中圆形连起来的线路行进，在每个圆形编号位置停留；方形及其连线为 Wi-Fi 探针抓取用户移动设备信号定位出的位置和轨迹

轨迹与实际轨迹在大致位置上基本一致，即算法能进行一定误差范围内的室内定位，验证了定位算法的有效性。

表 10.1　误差分析的结果

编号	真实 x 坐标/m	真实 y 坐标/m	算法预测 x 坐标/m	算法预测 y 坐标/m	误差/m
1	0.00	2.40	0.85	2.49	0.85
2	0.00	1.00	0.58	1.20	0.61
3	1.20	1.00	0.79	0.54	0.62
4	1.20	0.00	1.70	0.07	0.50
5	2.40	0.00	2.92	0.11	0.53
6	3.60	0.00	3.57	-0.24	0.24
7	3.60	1.00	3.09	1.17	0.54
8	3.00	2.40	2.87	2.48	0.15

参 考 文 献

[1] JIANG T, SUN Y CH, YAN M Y, et al. Mobile sensing and indoor localization[C]. Technical Report, ComNet-SCS-PKU, 2022.

第11章

移动感知与导航

移动感知导航技术是目前移动机器人自主特征与智能行为的核心体现，同时也具有很广的应用前景。当前，物流智能搬运机器人、扫地机器人等已在一些城市和家庭中实际应用，这与自主定位导航技术的发展密不可分。目前移动机器人的导航方式很多，GPS 导航是最常见的导航方式。然而，具体到室内场景，由于 GPS 导航信号在室内衰减太快，因此为室内的各种调度场景开发基于视觉的导航系统显得尤为必要。

近些年来，自动驾驶引起了极大的关注。而自动驾驶的诸多关键性技术就包括了移动感知与导航技术。目前，最标准的方法是基于激光雷达等传感技术来检测和识别物体、发现可行驶的道路以及相关任务。同时，基于计算机视觉技术所采集的图像或视频等视觉信息的 3D 感知对于降低自动驾驶系统的成本也很重要。最终，形成了融合传感信号与计算机视觉信号的多源感知与导航技术。本章将介绍如何基于智能小车搭建一个融合传感信号与计算机视觉信号的多源感知与导航系统。其中传感信号采集用到了运动传感器、红外传感器等，视觉信号采集用到了传统的摄像头以及二维码路标等。该实验方案包括实验硬件配置、地图构建、实验环境部署以及基于二维码的导航方法设计，有助于帮助读者理解传感信息和视觉信息如何相互补充以完成对智能小车的定位与导航。

11.1　实　验　目　的

可以简单地将导航系统分为两个阶段[1]：①地图构建阶段，即人为在室内环境张贴适量路标二维码（二维码含有一定的路网信息）；②移动导航阶段，用户在第一阶段所构建的地图上标注目的地，导航系统实时规划出当前位置到该点的路径，然后再基于视觉导航使小车自主移动至目的地。

本实验在智能小车上开发了一个基于视觉的移动导航系统，在场地内张贴适量路标（二维码）后，可以依照地图上用户指定的路径移动，适用于各种调度场景。这样的导航系统不借助 GPS 信号，且不依赖于强计算资源，是一个比较轻量级的，容易部署和演示的，关于感知与导航的实验案例。

11.2　实验环境配置

针对本实验，准备了四个模块，即控制模块、传感模块、运动模块、集成模块，分别完成小车的整体控制、小车对外界信息的获取、小车空间上的移动、小车的组合架构。为了实现导航功能，同时不依赖具有特殊功能或者结构过于复杂的元件，在实现过程中尽可能选择基本常见的部件。基于这些部件，我们提出的实现方案能够高效完成导航功能。我们针对这四个模块分别采用了下列型号配置（可依据实验需要自行更换其他配置）。

- 控制模块：树莓派 3b+（搭载 Ubuntu Mate 16.04 操作系统）。
- 传感模块：红外传感器模块、摄像头模块。
  - 红外传感器模块：ITR20001/T 红外传感器 ×5。
  - 摄像头模块：RER-1MP2CAM002 双目高清摄像头。
- 运动模块：N20 微型减速电机 ×2。
- 组合模块：TLC1543 数据采集芯片、TB6612FNG 电机驱动芯片。

基于上述模块，我们组装了一个二轮驱动的，兼具摄像与红外传感器的，由树莓派作为控制器的小车①（如图11.1所示），用于实现我们提出的导航实现方案。

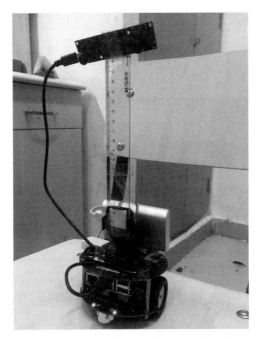

图 11.1 基于上述模块组装的二轮驱动的，兼具摄像与红外传感器的，由树莓派作为控制器的小车

11.3 实 验 内 容

11.3.1 基于二维码的地图构建

我们提出了基于二维码路标定位的解决方案。该解决方案要求使用者首先在场地内张贴适量路标（二维码），并将路标所构成的格点地图信息输入至该导航系统内，每一

---

① 树莓派 4b 智能小车套件（轮式、8GB）。

个路标所含有的信息就是它自身的编号。在准备工作完成之后，用户即可指定目的地使小车自主规划路径并前往。该解决方案虽然要求人为构建地图，但是相较于基于计算机视觉的自动构建地图方案，拥有以下优势：

- 不依赖强计算资源。基于二维码路标的定位导航系统只涉及计算复杂度较低的图像处理步骤和路径规划算法，在小车树莓派本机上就可以无压力运行。
- 二维码路标模式以平面作为地图信息。在基于计算机视觉的自动构建地图方案中，依靠计算机视觉算法所构建出的所谓"地图"其实是小车在最初探索阶段所行进的轨迹路线图，这样在比较宽阔的场地上就限定了小车在导航阶段所能够行进的路线。而路标所构成的格点地图就可以适应任何平面地图，在导航阶段所规划的路径也不会有所限制。

11.3.2　基于二维码的自动导航

我们提出的导航实现方案主要基于两个针对实际场景的假设：现实空间的复杂性、路径规划的容错性。

- 现实空间的复杂性：现实中的导航环境十分复杂，这大大增加了及时有效获得路标的难度，于是在我们的实现方案中充分考虑到复杂的现实空间，提出启发式的获取路标的算法，增强导航的鲁棒性。
- 路径规划的容错性：本项目针对的导航任务场景对路径要求并非严格，于是我们在实现过程中为了提高导航性能，基于有限的设备资源应对更多复杂场景，降低对最短路径要求，提出实时自适应的路径规划算法。

本项目实现的移动导航系统主要分为三个模块：自动规划路径模块、二维码视觉定位模块以及空间移动模块。

在获取用户指定目的地后，自动规划路径模块首先规划出一条最优的路径，并且将下一个需要经过的点以及转向返回给二维码视觉定位模块，二维码视觉定位模块随即根据视觉信息进行视觉定位，并且配合空间移动模块进行位姿调整，进而向下一个路标前进。如果丢失定位，导航系统还设计了鲁棒的启发式搜索以及自适应规划路径使小车可以继续导航。

二维码视觉定位模块包含了两个任务：①判断当前画面中是否存在二维码路标并定位；②扫描该二维码获取该路标信息。扫描二维码虽然有很多现有工作可以用，但由于本项目应用场景的特殊性，画面中含有的二维码往往因为角度问题产生扭曲，因此直接应用效果并不好，需要对画面进行一系列图像处理。二维码视觉定位模块主要采用集成的 Python 库 pyzbar 进行识别。pyzbar 库 [2] 能够尝试解析画面中的二维码，在对图像进行各个步骤的处理之后，识别的成功率得到有效提升。

空间移动模块负责小车的位姿调整，并控制小车前进到达所规划的下一个二维码路标。基本步骤包括：①利用小车摄像头获取当前镜头内下一个二维码路标的相对位置和该二维码路标内的信息；②根据当前位置和下一路标的信息调整方向，完成基本转向等操作；③驱动小车前进，并通过红外传感器检测是否成功到达该二维码路标。

导航方案概述：小车首先会通过路径规划算法得到下一个路标（NextID）及其与当前所在路标（CurID）的相对位置，调整方向（ChangeDirect），诸如左转、右转，进而使自己面向下一路标的方向。在前往下一路标的过程中，小车反复通过摄像头定位识别前方二维码路标的内容和位置（Recog），此时会出现以下四种情况：

- 无法定位二维码：此时需要通过启发式搜索路标（SelfFind）寻找二维码。
- 成功定位二维码，但无法识别：假设此时前面二维码即为目的二维码，留作后续再次识别。
- 成功定位二维码，能够识别但并不在规划路线上：预留 1 次纠正错误目的路标的机会，若机会用尽，则更新目的路标为当前所识别的二维码。
- 成功定位二维码，能够识别且在规划路线上（理想情况）：前往当前所识别到的二维码，通过摄像头返回的相对位置微调路线（Turn）。

当成功调整路线使得小车面对二维码后，小车前进一定距离（Explore），通过红外传感器识别是否到达二维码，若已成功到达，则规划下一步；若未到达，则重复识别二维码的过程。

本项目提出一种基于二维码路标的移动视觉导航系统，不借助 GPS 信号且不依赖强计算资源，适用于物流智能搬运机器人等多种室内场景。在场地内张贴适量路标（二维码）后，用户即可以在地图上指定目的地，导航系统将会在地图上自动规划最优路径，并且驱使小车沿路径行驶至目的地。为了提高二维码路标识别率，对摄像头捕获画面进行一系列图像处理以提取出画面中含有路标的部分并且校正由于拍摄角度带来的扭曲。为了增强导航系统的鲁棒性，我们还设计了多种行动决策以应对定位丢失等异常情况，使得系统更加稳定，进一步的算法细节可以参考文献 [3]。

参 考 文 献

[1] DENG K, WANG Y, WANG Z L. Navigation by computer vision and mobile sensing[C]. Technical Report, ComNet-SCS-PKU, 2019.

[2] Read one-dimensional barcodes and qr codes from python 2 and 3. https://github.com/NaturalHistoryMuseum/pyzbar.

[3] ZHANG Y X, LI ZH J, YANG CH X, et al. Sign: war-driving free indoor navigation using coded visual tags[C]. In 2018 IEEE Global Communications Conference (GLOBECOM), 2018, 1-6.

第 12 章

移动短视频应用

随着信息社会及网络与新媒体的发展，一方面，互联网中每天都有海量的数据被产生、传播，这些数据形式多样，有文本、访谈视频、影视剧、HTML5 作品等；另一方面，大众的时间更加碎片化。这些都使得需要花费较长时间阅读和观看的多媒体内容不再是大众的首选。

近年来，移动设备上的短视频应用在用户生活中覆盖面越来越广泛，已逐渐成为社交平台发展的新方向，短视频用户使用习惯的变化推动短视频应用使用时长增加。中国短视频用户规模增长势头明显，2020 年已超 7 亿人，2021 年增至 8.09 亿人，预计 2023年超 10 亿人。短视频作为 4G 时代快速发展的移动产品类型，能聚合社交、电商等属性，覆盖人群规模不断扩大，在网民中的普及度一直很高。尽管如此，在过去很长时间里长视频都是主流的视频形式，积累了大量的优秀内容。如果能够将长视频内容自动转为短视频的形式，不仅能够扩充短视频的市场，而且能够让优秀的长视频焕发出新的生机。

当前，移动应用的发展进入到一个较为平缓的阶段，而新的人工智能技术的出现，为很多移动应用产业注入了新的活力。就移动短视频应用而言，如果能够结合机器学习等新技术，把较长的多媒体内容，自动转换为人民群众喜闻乐见的移动端短视频，将会使得互联网中积累的海量数据产生新的价值。因此，本章从移动短视频生成、发布、传播数据分析这三方面来设计实验，这个全流程操作可以让读者初步掌握移动短视频产业的入门方法，包括如何利用已有的工具提取多媒体素材中的文本、音频、视频等元素，利用神经网络模型生成新的短视频，以及如何发布短视频并且分析短视频发布后的传播数据。

12.1　实　验　目　的

现有的长视频门类繁多，包括访谈类、电视剧、电影、音乐类、舞蹈类等。例如，在访谈类视频中，人物动作变化不大，主要是将访谈内容的精彩部分提取出来；舞蹈类视频中，几乎没有语言对白内容，而表演者的肢体动作变化幅度较大，该类视频需要将表演者的高光时刻截取出来。因此，不同的视频门类，其短视频摘要的生成方法不尽相同。

本实验中，以电视剧类视频为例，展示移动短视频生成、发布、分析的全流程，包括如何提取视频中的文本信息，如何结合文本、视频要素将长视频转化成短视频，如何在短视频平台上进一步配置来发布短视频以获得更多的浏览量，以及如何在短视频平台上分析已经发布的短视频的传播数据。

12.2　实　验　内　容

12.2.1　移动短视频生成

电视剧行业积累了大量的长视频，电视剧的对白包含了大量的信息，然而很多电视剧是没有字幕的，没有办法直接采用文字识别的方式获取电视剧的对白，因此需要先用语音识别技术将电视剧对白转换为文字。

首先，进行音视频分离，音频分离是将视频中的音频部分提取为独立文件的过程。可以使用开源的 ffmpeg 和 moviepy 包提取视频中的音频并转化为指定的格式。moviepy 以 ffmpeg 为底层工具，支持调整速度和音量、裁剪音频、设置导出的音频格式和其他参数，同时可以实时显示处理进度，速度较快。为方便下一环节使用，本环节统一导出为 16 bit 编码，16 000 采样率，原音量原速原长的 wav 音频文件。

语音转文本技术经过了长足的发展，有了广泛的应用。语音识别技术从模板匹配识别单个词到隐马尔可夫模型识别语音片段，再到神经网络端到端的识别语音片段，技术不断进步，已经被应用于语音助手、智能家居、自动驾驶等诸多领域。传统的语音识别模型，通常采用声学模型人工提取特征。在进行语音识别时，先通过声学模型进行信号处理与特征识别，将语音识别为特征，然后使用隐马尔可夫模型或者高斯混合模型等概率模型，将语音转为最可能的文本。

深度神经网络出现之后，DNN-HMM 模型在语音识别领域也取得了很好的效果。之后，随着循环神经网络的兴起，端到端的语音识别模型一时间成为主流，比如 RNN-T、LAS 都是语音识别端到端的模型。再后来的 transformer 模型后来居上，在机器翻译等 NLP 任务中取得了良好表现。而之后的 Conformer 则是 transformer 和 CNN 结合的结果，在语音识别任务上表现良好。

使用了语音识别技术的电视剧摘要模型如图12.1所示：音频分离模块将音频从视频中分离出来，然后把音频按照不同的时长切分，输入到语音识别模型（Conformer）中，模型给出文本输出。将文本输出经过文本后处理后，输入到自动文本摘要模型中，得到文本摘要。将文本摘要和语音识别模型输出的文本输入到后处理模块中，得到摘要文本的时间戳列表，然后根据时间戳剪辑原视频，得到短视频输出。

12.2.2　移动短视频发布

首先，需要选择一个短视频平台发布已经自动生成的短视频，一般需要以下几个步骤完成发布。

- 添加标题：人工拟写标题添加到视频中上方（视频下方也可补充一些视频信息）。

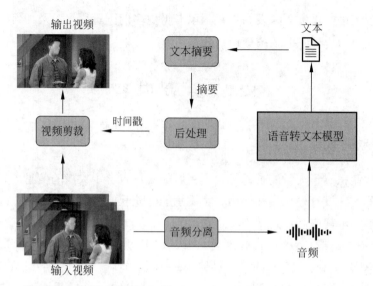

图 12.1　使用语音识别的电视剧摘要模型（图中视频截图仅为示例，已做部分处理）

- 添加表情包贴图：根据人物表情、台词、剧情发展，在画面非关键区域人工添加合适的表情包，使视频更具原创性和趣味性。
- 添加背景音乐：可以人工选择或者随机选取背景音乐，尝试对比影视原声和添加背景音乐之后的传播效果。
- 发布文案：添加话题 tag，如 # 剧集名称、# 一起追剧等，增加被浏览被搜索的可能性。

12.2.3　移动短视频传播数据分析

在发布短视频一段时间之后，可以在移动短视频平台后台看到已发布的短视频内容传播的具体过程，并且进行相应的数据分析。

在本实验中，作为示例，用如上方法生成了若干短视频 [1]；2022 年 5 月 25 日到 27 日，在抖音平台发布剧情剪辑视频，为抖音账号打上"剧情剪辑"标签，并统计每个视频发布后 3 天内视频播放数据，分析其传播效果并为之后正式测试视频发布积累经验。从视频播放数据中我们得到如下结果：

- 冷启动阶段：发布视频几小时内播放量缓慢上升，一般视频被平台推广到 500 多播放量就停止推荐了。
- 对比实验发现：发布仅切换 bgm 的相同视频对视频的推广有副作用，甚至失去了基础流量的推荐。我们推测抖音可能存在对已发布视频类似抽帧比对的机制，所以在发布视频时要一步到位避免删改重发。
- 5 月 28 日所有视频播放量猛增原因，如带有"# 梅长苏出场"标签的视频播放量很高引起粉丝效应，并且可以看出对同一题材《琅琊榜》视频流量的促进作用比不同题材《让子弹飞》大。

- "＃梅长苏出场"视频播放量暴增可能原因分析:视频发布后完播率一直保持在25%~30%,而其他视频均在20%以下。因此完播率应该是抖音推荐系统决定是否进一步扩大推荐池的最重要数据之一。而完播率较高的原因我们推测可能是视频人物外形比较帅,并且出场到视频时长一半以上,达到判定完播的标准。

参 考 文 献

[1] SHAO Y J, PAN H T, DAI SH Y, et al. Mobile short-form video generation and data analytics[C]. Technical Report, ComNet-SCS-PKU, 2022.

参考答案

练 习 答 案

练习 1.2

1. 827。   2. 255.255.255.255，是专门用于同时向网络中所有主机发送数据帧的一个地址。
3. 0x15。

练习 2.1

1. Target MAC address。   2. 6 个（提示，使用过滤表达式 `ip.flags.df == 0`）。   3. 20 字节
和 40 字节。

练习 3.1

1. 2 个；12 个和 1652 个。   2. （10.0.0.74，43120，115.27.207.221，80）和（10.0.0.74，43122，
115.27.207.221，80）。   3. 43 520 字节。数据包中设置的大小为 85，且窗口大小的缩放系数为 9，所
以窗口大小为 $85 \times 2^9 = 43\,520$ 字节。窗口大小的缩放系数确定方法：因为在 SYN 和 SYN/ACK 数
据包中都包含了接收窗口缩放的 TCP 选项，所以会话启用了接收窗口缩放的特性（注意，如果只有
其中一个包含该选项，则未启用此特性）。同时这个数据包是由 10.0.0.74 接收的，它所使用的缩放系
数在 SYN 包中指明，系数为 9（注意，两端使用的系数可能不一样，如果数据包是 115.27.207.221 接
收，则要看 SYN/ACK 数据包指明的系数）。

练习 3.2

1. UDP。   2. 0x13699715；10.0.0.50；10.0.0.24 和 10.0.0.88；10.0.0.74；30 min。   3. Request
数据包包含的数据比 Discovery 多了一个 DHCP Server Identifier。

练习 3.3

1. 2 个；都是 200；表示请求成功。   2. 102 ms。   3. Ethernet，DHCP，ARP，IPv4，UDP，
DNS，TCP，HTTP。   4. 北京 2022 年冬奥会开幕式倒计时。

练习 4.1

1. 远程主机：用户 Home 目录。本地主机：SFTP 项目文件夹；读、写和执行。   2. 密钥交换结
束后（双方收到对方的 SSH_MSG_NEWKEYS 信息后）。